环境监测实验教程

陈建荣　王方园　王爱军　主编

U0262579

科学出版社

北京

内 容 简 介

本书介绍了环境监测过程中各类常用的方法,内容从样品采集到现代分析仪器的使用,从常规环境监测到复杂环境样品中微量污染物分析。全书共选择 19 个常规实验和 7 个综合型和研究设计型实验,内容涵盖水质监测、大气废气监测、土壤污染物监测、环境噪声监测等,突出环境样品的多样性和实验方法的互补性,体现实验科学的实用性、知识性和先进性,有利于学生对环境监测全过程的掌握与运用,培养学生独立思考及设计实验、独立分析问题和解决问题的能力。

本书可作为高等学校环境类专业环境监测课程的实验教学用书,也可作为广大环境监测工作者的参考书。

图书在版编目(CIP)数据

环境监测实验教程/陈建荣,王方园,王爱军主编.—北京:科学出版社,
2014.10
    ISBN 978-7-03-042150-0

    Ⅰ.①环⋯   Ⅱ.①陈⋯ ②王⋯ ③王⋯   Ⅲ.①环境监测-实验-高等学校-教材   Ⅳ.①X83-33

    中国版本图书馆 CIP 数据核字(2014)第 236420 号

责任编辑:赵晓霞 / 责任校对:朱光兰
责任印制:徐晓晨 / 封面设计:陈　敬

科 学 出 版 社出版
北京东黄城根北街 16 号
邮政编码:100717
http://www.sciencep.com

北京虎彩文化传播有限公司 印刷
科学出版社发行　各地新华书店经销
*
2014 年 10 月第 一 版　　开本:720×1000 1/16
2019 年 1 月第五次印刷　　印张:8 3/4
字数:170 000
定价:39.00 元
(如有印装质量问题,我社负责调换)

前　　言

　　环境监测是环境类专业的一门专业必修课,其应用性和实践性很强。为了使学生能更好地理解和掌握环境监测课程的理论教学内容,培养学生的动手能力,满足高等学校实验教学的要求,我们编写了《环境监测实验教程》,其中选择了环境监测基础及典型实验项目,并介绍了监测实验的准备、基础知识以及各种监测方法,在此基础上,还增加了综合型、创新型与研究型内容,力求体现实验的知识性、先进性、实用性。本书的附录部分还提供了相关质量标准与监测技术规范等内容,有利于学生对环境监测的全过程的掌握与运用。

　　本书面向环境科学专业和环境工程专业的本科学生实验教学。内容涉及环境样品中水、大气、土壤等类型,涵盖了环境监测的各种方法,样品分析既有化学法,又有现代仪器分析方法。实验类型按模块进行设计,分为基础验证性实验、综合实验和研究探索型实验,分阶段对学生进行各种技能的训练。通过本课程学习,学生对环境监测的过程,如现场监测与调查、监测计划设计、优化布点、样品采集、运送保存、分析测试、数据处理、综合评价等,能全方位的了解和掌握,在样品的分析测试上可以接触先进的大型精密仪器,初步了解环境监测最新的分析测试技术,并具备独立从事环境监测工作的能力。本书从环境监测基础实验、环境监测综合实验到环境监测研究探索型实验,循序渐进分阶段对学生进行有针对性的训练。其中基础实验为验证性实验,侧重于基础实验技能的训练。综合实验是建立在验证性实验的基础上,设计了水和大气监测的综合实验,让学生全面掌握区域环境监测的全过程,研究探索型实验的一部分内容是由科研成果转化而来的,一部分是目前国内外正在发生或亟待解决的环境问题,让学生接触环境监测领域的研究前沿与正在发生的环境问题,提高学生的动手能力,为今后工作以及科学研究奠定基础。

　　本书由浙江师范大学地理与环境科学学院多年从事教学、科研及实验指导的教师陈建荣、王方园和王爱军编写。由王方园、王爱军负责整理与编校等工作,陈建荣教授对全书进行了统稿、审核和定稿。

　　由于编者水平有限,加之时间仓促,书中疏漏和不妥之处在所难免,敬请读者批评指正。

编　者
2014 年 7 月

目　　录

前言

第一部分　环境监测实验基本要求与考核方式……………………………………… 1

第一节　环境监测实验的要求与目的……………………………………………… 1

第二节　环境监测实验基本操作及注意事项…………………………………… 2

第三节　考核方式…………………………………………………………… 3

第二部分　环境监测实验……………………………………………………………… 6

实验一　水中浊度的测定……………………………………………………… 6

实验二　水中色度的测定 ……………………………………………………… 10

实验三　废水悬浮固体和浊度的测定 ………………………………………… 12

实验四　化学需氧量（COD_{Cr}）的测定 ……………………………………… 14

实验五　溶解氧的测定方法（碘量法）………………………………………… 17

实验六　生化需氧量（BOD_5）的测定 ……………………………………… 20

实验七　工业废水中铬的价态分析 …………………………………………… 24

实验八　水中挥发酚类的测定——4-氨基安替比林分光光度法 …………… 26

实验九　废水中油的测定（紫外分光光度法）………………………………… 30

实验十　氨氮的测定——纳氏试剂光度法 …………………………………… 33

实验十一　大气中总悬浮颗粒物的测定 ……………………………………… 36

实验十二　空气中氮氧化物的测定（盐酸萘乙二胺分光光度法）…………… 40

实验十三　大气中苯系物的测定 ……………………………………………… 44

实验十四　大气中二氧化硫的测定——甲醛吸收-盐酸副玫瑰苯胺分光光
度法 …………………………………………………………………… 48

实验十五　环境空气 PM_{10} 和 $PM_{2.5}$ 的测定——重量法 ………………… 54

实验十六　固体废物的水分、有机质、养分测定 …………………………… 59

实验十七　环境噪声监测 ……………………………………………………… 63

实验十八　土壤中重金属的测定 ……………………………………………… 66

实验十九　原子吸收分光光度法测定茶叶样品中铜的含量 ………………… 69

第三部分　综合型和研究设计型实验…………………………………………… 71

实验一　湖水或河水水质监测（综合型实验）………………………………… 71

实验二　工业废水监测（综合型实验）………………………………………… 71

实验三　环境空气质量监测(综合型实验) ……………………………… 71

实验四　生物或土壤污染监测(设计型实验) ……………………………… 72

实验五　环境噪声监测(设计型实验) ……………………………… 72

实验六　室内环境质量监测与评价(设计型实验) ……………………………… 72

实验七　学生创新实验(选做) ……………………………… 73

第四部分　附录 ……………………………………………………………… 74

附录一　地表水环境质量标准(GB 3838—2002) ……………………… 74

附录二　环境空气质量标准(GB 3095—2012) ……………………… 84

附录三　土壤环境质量标准(GB 15618—1995) ……………………… 91

附录四　地下水环境质量标准(GB 3838—2002) ……………………… 94

附录五　生活饮用水卫生标准(GB 5749—2006) ……………………… 98

附录六　大气污染物综合排放标准(GB 16297—1996) ……………… 107

附录七　污水综合排放标准(GB 8978—1996) ……………………… 128

参考文献………………………………………………………………… 134

第一部分　环境监测实验基本要求与考核方式

第一节　环境监测实验的要求与目的

一、要求

环境监测是通过化学分析与仪器分析手段对环境中的污染物或者影响环境质量的因素进行测定（定性、定量的测定），从而获取相关数据资料,利用所得的数据资料来描述和判断环境质量的现状,并预测环境质量在未来一段时间内的发展变化趋势。环境监测的目的是准确、及时、全面地反映环境质量现状与发展趋势,并为环境管理、污染源控制、环境规划等提供科学依据。环境监测的意义在于将监测所得的数据加以分析并反映出环境现状与预估环境的发展趋势,能为将来环境发展规划提供科学依据。

二、监测内容

目前环境监测分为监视性监测、特定目的监测和研究性监测,也可按监测对象将其分为水质监测、空气监测、土壤监测、固体废物监测、生物监测等。经过几十年的发展,如今的环境监测体系越来越严谨、越来越科学,其过程一般为:现场调查、监测计划设计、优化布点、样品采集与运送保存、环境样品分析测试、数据处理、综合评价等。针对不同程度的污染、不同种类的监测对象、不同种类的地形环境监测的处理方法又有所不同。同时,由于污染物在环境中显露的特性,环境监测还具有综合性、连续性、追踪性三大特点。

三、课程目的

环境监测是高等学校环境科学与环境工程专业必修的专业课程,是一门实践性很强的应用学科。环境监测实验教学是环境监测课程的重要环节,它的目的是帮助学生加深理解环境监测的基本原理,熟悉环境监测的基本过程,掌握环境监测中主要监测项目的方法原理与操作技术,熟悉主要监测仪器设备的工作原理和使用方法;提高学生观察、分析和解决问题的能力,培养学生进行科学实验的初步能力、严谨作风和实事求是的科学态度,使学生基本能胜任环境监测实践工作。

第二节　环境监测实验基本操作及注意事项

一、基本操作

（一）药品的使用

（1）使用药品或试液，应严格遵守实验中的用量或教师规定的用量，不可多取。如果有剩余，不要任意丢弃，也不要倒回原容器中，必须按照教师的指导作妥善处理。

（2）取用任何药品时，都要及时把瓶塞盖好，药品取后放回原处。

（3）称量试剂或药品时，应非常仔细，不要泼洒在台面或其他容器上。

（4）不能用手直接抓取固体药品。应该用干净的镊子、骨匙或镍匙取用。

（二）天平的使用

1）托盘天平

（1）称量时不要超过天平量程。天平要保持清洁，严防药品溢漏到天平盘上，如发现天平盘沾有药品，要立即擦去，以免损坏天平。

（2）药品不得直接放在天平盘上称取，易潮解的和吸水的固体药品，如五水氯化铝、氢氧化钠等，要放在带瓶塞的锥形瓶中称取。

（3）应按规定方法取用砝码，如发现砝码上沾有药品，必须立即擦干净。

（4）称完药品后，一定要把砝码放回砝码盒中，不得把它留在天平盘上。

2）电子天平

（1）使用前先看清天平的量程，称量时不要超过天平量程。

（2）使用时要调节平衡至平衡气泡处于平衡圈内。

（3）采用称量纸、称量瓶或其他干燥清洁容器称量药品。保持天平的清洁，严防药品溢漏到天平盘上，如发现天平盘上沾有药品，要立即用天平帚轻轻扫去，以免损坏天平。

（4）天平玻璃门不宜打开时间过长，使用完毕后必须立即关好。若天平内干燥剂已变色，应当立即将干燥剂烘干（干燥剂变回蓝色）。

（三）烘箱的使用

（1）使用烘箱时不得任意调节控温器，烘箱门要轻启轻关。

（2）木塞、橡皮塞、纸以及涂有石蜡的仪器不得放入烘箱内。

（3）放入烘箱前的仪器要先淋干水，磨口活塞应从仪器上取下单独放置。

（4）烘箱用后，要及时把电源切断。

（四）通风橱的使用

（1）有毒、有腐蚀性或有刺激性气味的药品应在通风橱中使用。

（2）使用时开启通风橱马达，将橱门关闭，使用者将手伸入橱内操作，不得把头伸入橱内。

（3）使用完毕，关闭通风橱马达，并将橱内整理清洁。

二、注意事项

（1）实验前，应检查仪器是否完整无缺，装置是否正确，全部装妥后再着手实验。

（2）初次实验应严格按照要求进行，如果要改变操作次序，或改变药品用量，必须先征得教师许可。

（3）实验时要严肃认真，集中注意力进行观察，要经常注意仪器有无破碎、漏气、反应是否正常。

（4）将玻璃管、玻璃棒或温度计插入塞子时，可在塞孔涂些甘油，这样更容易插入塞子中。

（5）为防止玻璃管插入时折断而割伤皮肤，手要垫上抹布，并握住玻璃管靠近塞子缓慢地旋转而进。

（6）废液应倒入指定的废物缸中，不要倾入水槽，以免侵蚀水管和发生事故。有机溶剂要倒入回收瓶中，集中处理。

（7）实验室要保持整齐、清洁；桌上不要放不用的仪器或药品；要保持水槽、仪器、桌面、地面的干净整洁；废纸、火柴梗等应放入指定的废物缸，切勿丢入水槽，以免堵塞下水管道。

（8）公用工具要轻拿轻放，用后放回原处，并保持其整洁完好。

（9）实验时观察到的现象及实验结果要及时记录在实验报告本上。

（10）做完实验后，将仪器洗净、放好，并清理实验台。值日生打扫实验室，清理水槽和药品台、地面，切断所有水、电、煤气，关好门窗。

第三节　考核方式

实验成绩单独按五级记分记录考试成绩。凡实验成绩不及格者，本课程必须重修。学生的实验成绩以平时考查为主，一般占总分的 80%，其平时成绩又以实验实际操作的优劣作为主要考核依据。在学期末或课程结束时，进行一定的实验操作考试，占总分的 20%。平时实验成绩的评价，由预习报告、课堂提问的回答情况、实验操作的掌握情况、实验数据的记录与处理、实验结果的误差与准确度、实验报告的撰写质量等六个方面来评价,并对每个实验项目进行单独评价,最终评定成绩。

一、环境监测实验要求

(1) 做好每一个实验的预习工作,每位学生在上实验课时,首先必须交预习报告。

(2) 自觉遵守实验室规则,严格遵守实验操作程序,确保人身及财产安全。

(3) 本着实事求是的科学态度,认真、及时、清楚地记录实验现象和原始数据,不允许私自拼凑或篡改数据。实验完成后要把实验数据和结果交给老师检查,使老师能及时发现学生做实验过程存在的问题,以便加以纠正。

(4) 认真做好每一个实验项目,掌握监测实验仪器的使用方法,以提高操作技能和综合能力。

(5) 实验完成后,要清洗实验器皿,整理实验台,经老师同意后方可离开实验室。

(6) 掌握对实验数据的综合分析处理,学会撰写完整的实验报告。

(7) 按时交送实验报告。

二、成绩评定

1) 优秀(很好)

能正确理解实验目的和要求,能独立、顺利而正确地完成各项实验操作,会分析和处理实验中遇到的问题,能掌握所学的各项实验技能,较好地完成实验报告及其他各项实验作业,具有创造精神和能力。有良好的实验习惯。

2) 良好(较好)

能理解实验的目的和要求,能认真而正确地完成各项实验操作,能分析和处理实验中遇到的一些问题。能掌握所学实验技能的绝大部分,对难点较大的操作完成有一定困难。能较好完成实验报告和其他实验作业。有较好的实验习惯。

3) 中等(一般)

能粗浅理解实验目的和要求,能认真努力进行各项实验操作,但技巧较差。能分析和处理实验中一些较容易的问题,掌握实验技能的大部分。能基本完成各项实验作业和报告。处理问题缺乏条理。能认真遵守各项规章制度。

4) 及格(较差)

只能机械地了解实验内容,能按实验步骤"照方抓药"完成实验操作,完成60%所学的实验技能。遇到问题通常缺乏解决的办法,在别人启发下能作简单处理,但效果不理想。能基本完成实验报告,认真遵守实验室各项规章制度。

5）不及格（很差）

实验技能掌握不全面，有些实验虽能完成，但一般效果不好，操作不正确。工作忙乱无条理。一般能遵守实验室规章制度，但常有小的错误。实验报告只有简单描述实验结果，遇到问题时无法清楚地了解原因，在教师指导下也很难完成各项实验作业。

第二部分　环境监测实验

实验一　水中浊度的测定

实验目的和要求

(1) 掌握浊度的测定方法。

(2) 加深对浊度概念的理解,学会通过比浊法进行水样浊度测定。

(3) 实验前复习浊度的有关内容。

方法一　目视比浊法

一、原理

浊度是表现水中悬浮物对光线透过时所发生的阻碍程度。水中含有泥土、粉砂、微细有机物、无机物、浮游动物和其他微生物等悬浮物和胶体物都可以使水样呈现浑浊。水的浊度大小不仅与水中存在颗粒物含量有关,而且与其粒径大小、形状、颗粒表面对光散射特性有密切关系。将水样和硅藻土(或白陶土)配制的浊度标准液进行比较确定水样浊度。相当于 1mg 一定粒度的硅藻土(或白陶土)在 1000mL 水中所产生的浊度,称为 1 度。

二、仪器

100mL 具塞比色管;250mL 具塞无色玻璃瓶,玻璃质量和直径均需一致;1L量筒。

三、试剂

浊度标准液:称取 10g 通过 0.1mm 筛孔(150 目)的硅藻土,于研钵中加入少许蒸馏水调成糊状并研细,移至 1000mL 量筒中,加水至刻度。充分搅拌,静置 24h,用虹吸法仔细将上层 800mL 悬浮液移至第二个 1000mL 量筒中。向第二个量筒内加水至 1000mL,充分搅拌后再静置 24h。吸出上层含较细颗粒的 800mL 悬浮液弃去,下部溶液加水稀释至 1000mL。充分搅拌后,储于具塞玻璃瓶中,其中含硅藻土颗粒直径大约为 400μm。取 50.0mL 上述悬浊液置于恒量的蒸发皿中,在水浴上蒸干,于 105℃烘箱中烘 2h,置干燥器冷却 30min,称量。重复以上操作,即烘 1h,冷却,称量,直至恒量。求出 1mL 悬浊液含硅藻土的质量(mg)。

浊度 250 度的标准液:吸取含 250mg 硅藻土的悬浊液,置于 1000mL 容量瓶中,加水至标线,摇匀。此溶液浊度为 250 度。

浊度 100 度的标准液:吸取 100mL 浊度为 250 度的标准液于 250mL 容量瓶中,用水稀释至标线,摇匀。此溶液浊度为 100 度。于各标准液中分别加入氯化汞(注:氯化汞有剧毒)以防菌类生长。

四、实验步骤

(1)浊度低于 10 度的水样。

吸取浊度为 100 度的标准液 0mL,1.0mL,2.0mL,3.0mL,4.0mL,5.0mL,6.0mL,7.0mL,8.0mL,9.0mL 及 10.0mL 于 100mL 比色管中,加水稀释至标线,混匀,配制成浊度为 0 度,1.0 度,2.0 度,3.0 度,4.0 度,5.0 度,6.0 度,7.0 度,8.0 度,9.0 度及 10.0 度的标准液。

取 100mL 摇匀水样于 100mL 比色管中,与上述标准液进行比较。可在黑色底板上由上向下垂直观察,选取与水样产生相近视觉效果的标液,记下其浊度值。

(2)浊度为 10 度以上的水样。

吸取浊度为 250 度的标准液 0mL,10mL,20mL,30mL,40mL,50mL,60mL,70mL,80mL,90mL 及 100mL 置于 250mL 容量瓶中,加水稀释至标线,混匀。即得浊度为 0 度,10 度,20 度,30 度,40 度,50 度,60 度,70 度,80 度,90 度和 100 度的标准液,将其移入成套的 250mL 具塞玻璃瓶中,每瓶加入 1g 氯化汞,以防菌类生长。

取 250mL 摇匀水样置于成套 250mL 具塞玻璃瓶中,瓶后放一有黑线的白纸板作为判别标志。从瓶前向后观察,根据目标的清晰程度选出与水样产生相接近视觉效果的标准液,记下其浊度值。

(3)水样浊度超过 100 度时,用无浊度水稀释后测定。

(4)分析结果的表达:水样浊度可直接读数。

方法二 浊 度 仪 法

一、方法原理

利用一束红外线穿过含有待测样品的样品池,光源为具有 890nm 波长的高发射强度的红外发光二极管,以确保使样品颜色引起的干扰达到最小。传感器处在与发射光线垂直的位置上,它测量由样品中悬浮颗粒散射的光量,微计算机处理器再将该数值转化为浊度值(透射浊度值和散射浊度值在数值上是一致的)。干扰及消除:①当出现漂浮物和沉淀物时,读数将不准确;②气泡和震动将会破坏样品的表面,得出错误的结论;③有划痕或沾污的比色皿都会影响测定结果。

二、仪器

多参数水质现场快速分析仪或其他浊度仪。

三、实验步骤

(1)按开关键将仪器打开,仪器先进行全功能的自检,自检完毕后,仪器进入测量状态。

(2)将完全搅拌均匀的水样倒入干净的比色皿内,距瓶口 1.5cm,在盖紧保护黑盖前允许有足够的时间让气泡逸出(不能将盖拧得太紧)。在比色皿插入测量池之前,先用无绒布将其擦干净,比色皿必须无指纹、油污、脏物,特别是光通过的区域(大约距比色皿底部 2cm 处)必须洁净。

(3)将比色皿放入测量池内,检查盖上的凹口是否和槽相吻合,保护黑盖上的标志应与仪器上的箭头相对,按读数(或测量)键,大约 25s 后浊度值就会显示出来。

(4)若数值小于或等于 40 度,可直接读出浊度值。

(5)若超过 40 度,需进行稀释。读出未经稀释样品的值 T_1,则取样体积 $V(\text{mL})=3000/T_1$,用无浊度水定容至 100mL。

四、计算

按步骤(1)～(5)读出浊度值,计算原始水样的浊度。

$$浊度(度)=T_2\times100/V$$

式中:T_2——稀释后浊度值。

注:(1)为了将比色皿带来的误差降到最低,在校准和测量过程中使用同一比色皿。

(2)将盛有 0 度标准溶液比色皿插入测量槽,再按 CAL(校准)键,大约 50s 后仪器校准完毕,可以开始测量。

(3)用待测水样将比色皿冲洗两次。这样可将仍保留在瓶内的残留液体和其他脏物去除。接着将待测水样沿着比色皿边缘缓慢倒入,以减少气泡产生。

(4)每次应以同样的力拧紧比色皿盖。

（5）读完数后将废弃的样品倒掉,避免腐蚀比色皿。

（6）将样品收集在干净的玻璃或塑料瓶内,盖好并迅速进行分析。如果做不到,则将样品储存在阴凉室温下。

（7）为了获得有代表性的水样,取样前轻轻搅拌水样,使其均匀,禁止振荡(防止产生气泡)和悬浮物沉淀。

实验二　水中色度的测定

一、实验目的和要求

（1）了解真色、表色、色度的含义。

（2）掌握铂钴标准比色法和稀释倍数法测定水的色度的原理和方法。

二、仪器

实验室常用仪器；50mL 具塞比色管（其刻度线高度应一致）；pH 计。

适用范围：天然和轻度污染水可用铂钴比色法测定色度，对工业有色废水常用稀释倍数法。

Ⅰ. 铂钴标准比色法

一、实验原理

用氯铂酸钾与氯化钴配成标准色列，与水样进行目视比色。每升水中含有 1mg 铂和 0.5mg 钴时所具有的颜色，称为 1 度，作为标准色度单位。如水样浑浊，则放置澄清，也可用离心法或用孔径为 $0.45\mu m$ 滤膜过滤以去除悬浮物，但不能用滤纸过滤。

二、试剂

（1）光学纯水：用在蒸馏水或去离子水中浸泡 1h 的 $0.2\mu m$ 的滤膜过滤的蒸馏水或去离子水。

（2）铂钴标准溶液：称取 1.246g 氯铂酸钾和 1.000g 氯化钴溶于 100mL 光学纯水中，加 100mL 盐酸，用水定容至 1000mL。此溶液色度为 500 度，保存在密塞玻璃瓶中，存放暗处。

三、实验步骤

（1）标准色列的配制。

向 50mL 比色管中分别加入 0、0.50mL、1.00mL、1.50mL、2.00mL、2.50mL、3.00mL、3.50mL、4.00mL、4.50mL、5.00mL、6.00mL 及 7.00mL 铂钴标准溶液，用水稀释至刻度，混匀。各管的色度依次为 0 度、5 度、10 度、15 度、20 度、25 度、30 度、35 度、40 度、45 度、50 度、60 度和 70 度。密塞保存于暗处，温度不超过 30℃，可稳定一个月。

（2）水样的测定。分别取 50.0mL 澄清透明水样于比色管中，如水样色度较大，可酌情少取水样，用水稀释至 50.0mL。

（3）另取试样测定 pH。

四、计算

$$色度 = AV_1/V_0$$

式中：A——稀释后水样相当于铂钴标准色列的色度；

V_1——样品稀释后的体积；

V_0——样品稀释前的体积。

Ⅱ. 稀释倍数法

一、实验原理

将有色工业废水用无色水稀释到接近无色时，记录稀释倍数，以此表示该水样的色度。并辅以用文字描述颜色性质，如深蓝色、棕黄色等。

二、试剂

光学纯水。

三、实验步骤

（1）取 100～150mL 澄清水样置于烧杯中，以白色瓷板为背景，观察并描述其颜色种类。

（2）分别取澄清的水样，用水稀释成不同倍数，取 50mL 分别置于 50mL 比色管中，管底部衬一白瓷板，由上向下观察稀释后水样的颜色，并与光学纯水相比较，直至刚好看不出颜色，记录此时的稀释倍数。

（3）另取试样测定 pH。

四、思考题

（1）水样混浊时，为什么不能用滤纸过滤？

（2）为什么测色度时要报 pH？

（3）铂钴比色法和稀释倍数法测定水的颜色各适用于什么情况？

实验三　废水悬浮固体和浊度的测定

一、实验目的

掌握水体中悬浮固体和浊度的测定方法。

二、测定原理

悬浮固体系指剩留在滤料上并于 103～105℃ 烘至恒量的固体。测定的方法是将水样通过滤料后，烘干固体残留物及滤料，将所称质量减去滤料质量，即为悬浮固体（总不可滤残渣）。

三、仪器

烘箱；分析天平；干燥器；滤膜（孔径为 0.45μm）及相应的滤器或中速定量滤纸；玻璃漏斗；称量瓶（内径为 30～50mm）。

四、实验步骤

（1）将滤膜放在称量瓶中，打开瓶盖，在 103～105℃ 烘干 2h，取出，置于干燥器中冷却后盖好瓶盖称量，直至恒量（两次称量相差不超过 0.0005g）。

（2）去除漂浮物后振荡水样，量取均匀适量水样（使悬浮物大于 2.5mg），通过上面称至恒量的滤膜过滤；用蒸馏水冲洗残渣 3～5 次。如样品中含油脂，用 10mL 石油醚分两次淋洗残渣。

（3）小心取下滤膜，放入原称量瓶内，在 103～105℃ 烘箱中，打开瓶盖烘干 2h，冷却后盖好瓶盖称量，直至恒量。

五、计算

$$SS=(A-B)\times1000\times1000/V$$

式中：SS——悬浮固体浓度，mg/L；

　　A——悬浮固体＋滤膜及称量瓶重，g；

　　B——滤膜及称量瓶重，g；

　　V——水样体积，mL。

六、注意事项

（1）树叶、木棒、水草等杂质应先从水中除去。

（2）废水黏度高时，可加 2～4 倍蒸馏水稀释，振荡均匀，待沉淀物下降后再过滤。

（3）也可采用石棉坩埚进行过滤。

七、思考题

（1）据水样悬浮固体、浊度的测定结果，分析水样中固体物质的存在情况。

（2）分析水样悬浮固体的测定结果与烘干温度的关系。

实验四　化学需氧量（COD$_{Cr}$）的测定

一、实验目的

掌握用重铬酸钾法测定化学需氧量的基本方法和原理。

二、实验原理

化学需氧量（COD）是指在一定条件下，用强氧化剂处理水样时所消耗氧化剂的量，以氧的 mg/L 来表示。化学需氧量反映了水中受还原性物质污染的程度。水中还原性物质包括有机物、亚硝酸盐亚铁盐、硫化物等。水被有机物污染很普遍，因此化学需氧量常作为有机物相对含量的指标之一。水样的化学需氧量可受加入氧化剂的种类及浓度、反应溶液的酸度、反应温度和时间以及催化剂的有无而获得不同的结果。因此，化学需氧量是一个条件性指标，必须严格按操作步骤执行。

对于工业废水，我国规定用重铬酸钾法，其测得值称为化学需氧量。重铬酸钾法指在酸性溶液中，一定量的重铬酸钾氧化水样中的还原性物质，过量的重铬酸钾以试亚铁灵作指示剂，用硫酸亚铁铵溶液回滴。根据硫酸亚铁铵溶液的量计算出水样中还原性物质消耗氧的量。

酸性重铬酸钾氧化性极强，可氧化大分子有机物，以硫酸银作催化剂时，直链脂肪族化合物可被完全氧化，但芳香族化合物不易被氧化，氯离子能被重铬酸钾氧化，并能与硫酸银作用生成沉淀，影响测定结果，这时加入硫酸汞，生成配合物，掩蔽干扰，氯离子含量超过 2000mg/L 的样品，应先作定量稀释，使含量低于2000mg/L，再进行测定。

三、仪器

（1）回流装置：24mm 或 25mm 标准磨口瓶；250mL 或 500mL 回流装置；球形冷凝管，长度为 30cm。

（2）加热装置：电热板、变阻电炉或煤气灯；250mL 或 500mL 锥形瓶；50mL 酸式滴定管。

四、试剂

（1）重铬酸钾标准溶液（1/6K$_2$CrO$_5$＝0.2500mol/L）：称取预先在 120℃烘干2h 的基准或优级纯重铬酸钾 12.258g 溶于水中，移入 1000mL 容量瓶，稀释至标线，摇匀。

（2）试亚铁灵试剂：称取 1.49g 邻菲罗啉（C$_{12}$H$_8$N·H$_2$O）和 0.69g 硫酸亚铁

（FeSO₄・7H₂O）溶于水中,稀释至 100mL 储于棕色瓶中。

（3）硫酸亚铁铵标准溶液$[(NH_4)_2 FeSO_4・6H_2O=0.1mol/L]$:称取 39.5g 硫酸亚铁铵溶于水中,加入 20mL 浓硫酸,冷却后稀释至 1000mL。临用时以重铬酸钾标准溶液标定。

标定方法:用移液管吸取 10.00mL 重铬酸钾标准溶液溶于 500mL 锥形瓶中,用水稀释至 110mL,加 30mL 浓硫酸,摇匀,冷却后滴加 2～3 滴试亚铁灵指示剂,用硫酸亚铁铵标准溶液滴定至溶液颜色黄色经蓝绿刚变为红褐色为止。

硫酸亚铁铵溶液的浓度 c 可由下式计算:

$$c[(NH_4)_2 FeSO_4]=0.2500×10.00/V$$

式中:V——硫酸亚铁铵标准滴定溶液的用量,mL。

（4）硫酸银-硫酸溶液:于 2500mL 浓硫酸中加入 25g 硫酸银,放置 1～2 天,不时摇动使其溶解。

（5）硫酸汞:结晶状或粉末。

（6）浓硫酸。

五、实验步骤

（1）取 20.00mL 混合均匀水样(或适量的水稀释至 20.00mL)置于 250mL 磨口的回流锥形瓶中,准确加入 10.00mL 重铬酸钾标准溶液及数粒玻璃珠或沸石(防止爆沸),连接磨口回流冷凝管,从冷凝管上口慢慢加入 30mL 硫酸银-硫酸溶液,轻轻摇动锥形瓶使其混合均匀,并加热回流 2h。若水中氯离子浓度大于 30mg/L 时,先加 0.4g 硫酸汞,再加 20.00mL 废水(或用适量的水稀释至 20.00mL),摇匀,待硫酸汞溶解后再依次加入重铬酸钾 10.00mL、30mL 硫酸银-硫酸和数粒玻璃珠并加热回流 2h。

（2）冷却后,先用 80mL 水冲洗冷凝器壁,然后取下锥形瓶。再用水稀释至 140mL(溶液体积不应小于 140mL,否则,因酸度太大,滴定终点不明显),加 2～3 滴试亚铁灵指示剂,用硫酸亚铁铵标准溶液滴定至溶液由黄色经蓝绿色变为红褐色为止。记录消耗的硫酸亚铁铵标准溶液的毫升数。

（3）同时以 20.00mL 蒸馏水作空白,其操作步骤和水样相同。记录消耗的硫酸亚铁铵标准溶液的毫升数。

六、数据处理

$$化学需氧量(O_2 mg/L)=(V_0-V_1)×c×8×1000/V$$

式中:c——硫酸亚铁铵标准溶液浓度,mol/L;

　　　V_1——水样消耗的硫酸亚铁铵标准溶液的毫升数;

　　　V_0——空白消耗的硫酸亚铁铵标准溶液的毫升数;

8——氧($1/2O$)的摩尔质量,g/mol。

注意:化学需氧量的结果应保留三位有效数字。

七、注意事项

(1) 使用 0.4g 硫酸汞配位氯离子的最高量可达 40mg,如取用 20.00mL 水样,即最高可配位 2000mg/L 氯离子浓度的水样。若氯离子浓度较低,可少量加硫酸汞∶氯离子=10∶1($w∶w$)。如出现少量氧化汞沉淀,并不影响测定。

(2) 水样取用体积可在 10.00～50.00mL 范围,但试剂用量及浓度应按比例进行相应调节,也可得到满意结果。

(3) 对于化学需氧量小于 50mg/L 的水样,应使用 0.0250mol/L 重铬酸钾标准溶液。回滴时用 0.01mol/L 硫酸亚铁铵标准溶液。

(4) 水样加热回滴后,溶液中重铬酸钾剩余量以加入量的 1/5～1/4 为宜。

(5) 回滴时溶液颜色变绿,说明水样的 COD 太高,应酌情将水样稀释后重做。具体方法:对于化学需氧量高的废水样,可先取上述操作所需体积 1/10 的废水样和试剂,于 15mm×150mm 硬质玻璃试管中,摇匀,加热后观察是否变成绿色。如溶液显绿色,再适当减少废水取样量,直到溶液不变成绿色为止,从而确定废水样分析时应取用的体积。稀释时,所取废水样不得少于 5mL,如果化学需氧量很高,则废水样应多次逐级稀释。

(6) 用邻苯二甲酸氢钾标准溶液检查试剂的质量和操作技术时,由于每克邻苯二甲酸氢钾的理论 COD_{cr} 为 1.176g,所以溶解 0.4251g 邻苯二甲酸氢钾于蒸馏水中,转入 1000mL 容量瓶,用重蒸馏水稀释至标线,使之成为 500mg/L 的 COD_{cr} 标准溶液,用时新配。

(7) 每次实验时,应对硫酸亚铁铵标准溶液进行标定。

实验五　溶解氧的测定方法(碘量法)

一、实验原理

水样中加入 $MnSO_4$ 和碱性 KI 生成 $Mn(OH)_2$ 沉淀，$Mn(OH)_2$ 极不稳定，与水中溶解氧反应生成碱性氧化锰 $MnO(OH)_2$ 棕色沉淀，将溶解氧固定(DO 将 Mn^{2+} 氧化为 Mn^{4+})：

$$MnSO_4 + 2NaOH = Mn(OH)_2 \downarrow + Na_2SO_4$$
$$2Mn(OH)_2 + O_2 = 2MnO(OH)_2 \downarrow （棕色）$$

再加入浓 H_2SO_4，使沉淀溶解，同时 Mn^{4+} 被溶液中 KI 的 I^- 还原为 Mn^{2+} 而析出 I_2，即

$$MnO(OH)_2 + 2H_2SO_4 + 2KI = MnSO_4 + I_2 + K_2SO_4 + 3H_2O$$

最后用 $Na_2S_2O_3$ 标准溶液滴定 I_2，以确定 DO：

$$2Na_2S_2O_3 + I_2 = Na_2S_4O_6 + 2NaI$$

二、试剂

(1) $MnSO_4$ 溶液：称取 480g $MnSO_4 \cdot 4H_2O$ 或 360g $MnSO_4 \cdot H_2O$ 溶于水，用水稀释至 1000mL，加入酸化过的 KI 溶液，遇淀粉不变蓝。

(2) 碱性 KI 溶液：称取 500g NaOH 溶于 300～400mL 水中，另称取 150g KI (或 135g NaI) 溶于 200mL 水中，待 NaOH 冷却后，将两溶液合并、混匀，用水稀释至 1000mL，如有沉淀，放置过夜，倾出上清液，储于棕色瓶中，用橡皮塞塞紧，避光保存，此溶液酸化后，遇淀粉不变蓝。

(3) 1‰(m/V)淀粉溶液：称取 1g 可溶性淀粉，用少量水调成糊状，用刚煮沸的水稀释至 1000mL。

(4) 0.02500mol/L $1/6K_2Cr_2O_7$：称取于 105～110℃ 烘干 2h 并冷却的 $K_2Cr_2O_7$ 1.2259g，溶于水，移入 1000mL 容量瓶，稀释至刻度。

(5) 0.0125mol/L $Na_2S_2O_3$ 溶液：称取 3.1g $Na_2S_2O_3 \cdot 5H_2O$ 溶于煮沸放冷的水中，加入 0.1g Na_2CO_3 用水稀释至 1000mL，储于棕色瓶中。使用前用 0.02500mol/L $K_2Cr_2O_7$ 标定，于 250mL 碘量瓶中，分别加入 100mL 水和 1g KI，摇匀，然后再准确加入 10.00mL 0.02500mol/L $K_2Cr_2O_7$ 标准溶液、8mL(1+5) H_2SO_4 溶液，迅速盖上碘量瓶的瓶塞，摇匀，于暗处静置 5 min，用待标定的 $Na_2S_2O_3$ 溶液滴定至溶液呈淡黄色，加入 1mL 淀粉，继续滴定至蓝色刚好褪去。待标定的 $Na_2S_2O_3$ 溶液的浓度计算为

$$Na_2S_2O_3浓度 = \frac{10.00 \times 0.02500}{消耗 Na_2S_2O_3 体积 V}$$

三、实验步骤

（1）用移液管插入瓶内液面以下，加入 1mL $MnSO_4$ 和 2mL 碱性 KI 溶液，有沉淀生成。

（2）摇晃溶解氧瓶，使沉淀完全混合，静置等沉淀降至瓶底。

（3）加入 2mL 浓 H_2SO_4 盖紧，颠倒摇晃均匀，待沉淀全部溶解后（不溶则多加浓 H_2SO_4）至暗处静置 5min。

（4）用移液管取 100.0mL 静置后的水样于 250mL 碘量瓶中，用 0.0125mol/L $Na_2S_2O_3$ 滴定至微黄色，再加入 1mL 淀粉溶液，继续滴定至蓝色刚好褪去为止，记下 $Na_2S_2O_3$ 的耗用量 V(mL)。

（5）计算：

$$溶解氧(O_2 mg/L) = \frac{cV \times 8 \times 1000}{100}$$

式中：c——硫代硫酸钠溶液的浓度，mol/L；

V——滴定时消耗硫代硫酸钠溶液的体积，mL。

附录　溶解氧的测定方法（电极法，便携式溶氧仪）

1. 方法原理

氧敏感薄膜由两个与支持电解质相接触的金属电极及选择性薄膜组成。薄膜只能透过氧和其他气体，水和可溶解物质不能透过。透过膜的氧气在电极上还原，产生微弱的扩散电流，在一定温度下其大小与水样溶解氧含量成正比。

2. 方法的适用范围

电极法的测定下限取决于所用的仪器，一般适用于溶解氧大于 0.1mg/L 的水样。水样有色、含有可与碘反应的有机物时，不宜用碘量法及其修正法测定，可用电极法。但水样中含有氯、二氧化硫、碘、溴的气体或蒸气，可能干扰测定，需要经常更换薄膜或校准电极。

3. 仪器与试剂

（1）DO 溶解氧测定仪：仪器分为原电池式和极谱式（外加电压）两种。

（2）温度计：精确至 0.5℃。

（3）亚硫酸钠；二价钴盐（$CoCl_2 \cdot 6H_2O$）。

4. 步骤

使用仪器时，按说明书操作。

1) 测试前的准备

（1）按仪器说明书装配探头，并加入所需的电解质。使用过的探头，要检查探头膜内是否有气泡或铁锈状物质。必要时，需取下薄膜重新装配。

（2）零点校正：将探头浸入每升含 1g 亚硫酸钠和 1mg 钴盐的水中，进行校零。

（3）校准：按仪器说明书要求校准，或取 500mL 蒸馏水，其中一部分虹吸入溶解氧瓶中，用碘量法测其溶解氧含量。将探头放入该蒸馏水中（防止曝气充氧），调节仪器到碘量法测定数值上。当仪器无法校准时，应更换电解质和敏感膜。在使用中采用空气校准或适宜水温校准，具体对照使用说明书。

2) 水样的测定

按仪器说明书进行，并注意温度补偿。

精密度与准确度：经 6 个实验室分析人员在同一实验室用不同型号的溶解氧测定仪，测定溶解氧含量为 4.8～8.3mg/L 的 5 种地面水，每个样品测定值相对标准偏差不超过 4.7%；绝对误差（相对于碘量法）小于 0.55mg/L。

5. 注意事项

（1）原电池式仪器接触氧气可自发进行反应，因此在不测定时，电极探头要保存在无氧水中并使其短路，以免消耗电极材料，影响测定。对于极谱式仪器的探头，不使用时，应放潮湿环境中，以防电解质溶液蒸发。

（2）不能用手接触探头薄膜表面。

（3）更换电解质和膜后，或膜干燥时，要使膜湿润，待读数稳定后再进行校准。

（4）如水样中含有藻类、硫化物、碳酸盐等物质，长期与膜接触可能使膜堵塞或损坏。

实验六　生化需氧量（BOD$_5$）的测定

一、实验目的

（1）了解 BOD 测定的意义及稀释法测 BOD 的基本原理。

（2）掌握本方法操作技能，如稀释水的制备、稀释倍数的选择、稀释水的校核和溶解氧的测定。

二、实验原理

生化需氧量是指在规定条件下，微生物分解水中有机物的生物化学过程中所消耗的溶解氧。生物分解有机物是一个缓慢的过程，要把可分解的有机物全部分解通常需要 100 天。目前，国内外普遍采用（20±1）℃培养 5 天分别测定培养前后的溶解氧，二者之差即为 BOD$_5$ 值，以氧的 mg/L 表示。

在实际测定时，只有某些天然水中溶解氧接近饱和，即 BOD$_5$ 小于 4mg/L，可以直接培养测定。对于大部分污水和严重污染的天然水要稀释后培养测定。稀释的目的是降低水样中有机物的浓度，使整个分解过程在足够的溶解氧条件下进行。稀释程度应使培养水样中所消耗的溶解氧大于 2mg/L，而剩余溶解氧在 1mg/L以上。为了保证培养的水样中有足够的溶解氧，稀释水要充至饱和或接近饱和。为此，将蒸馏水放置较长时间或通过人工曝气的办法使溶解氧达到饱和。稀释水中应加入一定量的无机营养物质（磷酸盐、钙、镁、铁、铵盐等），以保证微生物生长时的需要。

对于不含或含少量微生物的工业废水，包括酸性废水、碱性废水、高温废水或经过氯化处理的废水，在测定 BOD$_5$ 时应进行接种，以引入能分解废水中有机物的微生物。当废水中存在难于被一般生活污泥的微生物以正常速度降解的有机物或有剧毒物时，应将驯化后的微生物引入水样中进行接种。

本法适合用于测定 BOD$_5$ 大于或等于 2mg/L，最大不超过 1000mg/L 的水样。当水样 BOD$_5$ 太大时，会因稀释带来一定的误差。

三、仪器

（1）恒温培养箱。

（2）20L 细口玻璃瓶。

（3）1000mL 量筒。

（4）特色搅拌器：塑料棒底端焊接上塑料圆片。

（5）其他仪器和碘量法溶解氧相同。

四、试剂

(1) 测定溶解氧所需试剂。

(2) 氯化钙溶液:称取 27.5g 氯化钙溶于水中,稀释至 1000mL。

(3) 硫酸镁溶液:称取 22.5g 硫酸镁溶于水中,稀释至 1000mL。

(4) 三氯化铁溶液:称取 0.25g 三氯化铁溶于水中,稀释至 1000mL。

(5) 磷酸盐缓冲溶液:称取 8.5g 磷酸二氢钾、21.75g 磷酸氢二钾、33.4g 磷酸氢二钠和 1.7g 氯化铵溶于水中,稀释至 1000mL。此溶液的 pH 应为 7.2。

(6) 稀释水:在 20L 的大玻璃瓶中装入一定量的蒸馏水(含铜量小于 0.01mg/L),控制水温在摄氏度左右。用泵均匀连续通入经活性炭过滤的空气 2~8h,使水中溶解氧接近饱和,然后用两层清洁的纱布盖在瓶口,置于 20℃ 培养箱中数小时,临用前每升水中加入氯化钙溶液、硫酸镁溶液、氯化铁溶液及磷酸盐缓冲溶液各 1mL,混匀。稀释水的 pH 应为 7.2,其 BOD_5 应小于 0.2mL。

(7) 接种液:可选用以下任一种方法的接种液。

① 生活污水,在室温下放置一昼夜,取上层清液使用。

② 污水处理厂或生化处理的水。

③ 表层土壤浸出液,取 100g 花园或植物生长土壤,加入水,混合并静置 10min,取上层清液使用。

④ 用含城市污水的湖水或河水。

⑤ 当含有难于降解物质的废水时,取其排污口下游 3~8km 水样作为废水的驯化接种液。或采取人工驯化法,在生活污水中每天加入少量的该种废水连续曝气使能适应该种废水的微生物大量繁殖。当水中出现大量絮状物,或检查其 COD 值降低明显时,表明使用的微生物已进行繁殖,可用作接种液。一般驯化过程需 3~8 天。

(8) 接种稀释水。

每种接种液加入的量为每升稀释水中:生活污水 1~10mL,表层土壤提出液 20~30mL;河水或湖水 10~100mL;生化处理水 1~3mL。接种稀释水的 pH 应为 7.2,BOD_5 应小于 0.2mg/L。

(9) 其他溶液。

与碘量法测定溶解氧实验相同的硫酸锰溶液、碱性碘化钾溶液、浓硫酸、0.025mol 硫代硫酸钠标准溶液和 1% 的淀粉溶液。

五、实验步骤

1. 水样的预处理

(1) 水样的 pH 需调整为 6.5~7.5。

（2）如水样中含少量的游离氯，需放置 1～2h 消除游离氯或用加入定量的亚硫酸钠溶液除去。

（3）如水样中含有毒物质，可使用经驯化的微生物接种液。

2. 不经稀释水样的测定

溶解氧含量较高、有机物含量较少的地面水，可不经稀释而直接以虹吸法将约 20℃的混合水样（每升含 1mL 各种无机营养物）转移至两个溶解氧瓶内，转移过程中应注意不要产生气泡。以同样的操作使两个溶解氧瓶内充满水样后溢出少许，加盖，瓶内不应有气泡。其中一瓶测当天的溶解氧，另一瓶放入培养箱，瓶口水封，在（20±1）℃下培养 5 天，在培养过程中注意添加封口水。从放入培养箱起计算经过 5 昼夜后，弃去封口水，测定剩余溶解氧。

3. 经稀释水样的测定

（1）稀释倍数的测定：根据实践经验，估计 BOD 的可能值，再围绕预期的 BOD_5 做几种不同的稀释比，最后从所得的测定结果中选取合乎要求者，取平均值。

（2）稀释操作：按照选定的稀释比例，用虹吸法沿筒壁先引入部分稀释水（或接种稀释水）于 1000mL 量筒中，加入需要量混匀水样，再引入稀释水至 700～800mL，用特殊搅拌器上下搅匀，防止产生气泡。

按不经稀释水样的测定相同操作步骤，进行瓶装，测定当天溶解氧和培养 5 天后的溶解氧。

另取两个溶解氧瓶，用虹吸法装满稀释水（或接种稀释水）作空白实验，测定 5 天前后的溶解氧。

六、计算

不经稀释直接培养的水样：
$$BOD_5(mg/L) = DO_1 - DO_5$$
式中：DO_1——水样在培养前的溶解氧浓度，mg/L；

DO_5——水样经过 5 天培养后，剩余溶解氧浓度，mg/L。

经稀释后培养的水样：
$$BOD_5(mg/L) = [(DO_1 - DO_5) - (B_1 - B_5)f_1]/f_2$$
式中：B_1——稀释水（或接种稀释水）在培养前的溶解氧，mg/L；

B_5——稀释水（或接种稀释水）在培养后的溶解氧，mg/L；

f_1——稀释水（或接种稀释水）在培养液中所占比例；

f_2——水样在培养液中所占比例。

例如，培养液的稀释倍数为 10 倍，即 10 份水样，90 份稀释水，则 $f_1 = 0.90$，

$f_2=0.10$。又如，培养液的稀释倍数为 35 倍，即 1 份水样，加 34 份稀释水，则 $f_1=34/35$，$f_2=1/35$。

七、注意事项

（1）水样的稀释倍数还可以由重铬酸钾法测得 COD 值估计：对于一般易于生化的有机物，20℃ 5 天培养期的 BOD/COD＝0.7 左右，因此可以根据 COD 值×0.7＝估计 BOD 值。又根据 20℃ 饱和溶解氧为 9mL/L 左右，如以消耗溶解氧为 3 时，估计 BOD 值/3＝稀释倍数；或消耗溶解氧为 4 时，估计 BOD 值/4＝稀释倍数；或消耗溶解氧为 5 时，则估计 BOD 值/5＝稀释倍数。由这三个稀释倍数来进行稀释。例如，COD 值为 400mg/L，则估计 BOD 值为 280mg/L，则稀释倍数为 90 倍、70 倍、50 倍。

（2）在两个或三个稀释比的样品中，当消耗溶解氧大于 2mg/L 或剩余溶解氧小于 1mg/L 时，计算结果应取其平均值。若剩余的溶解氧很小甚至为零时，应加大稀释比。溶解氧消耗量小于 2mg/L，有两种可能，一是稀释倍数过大，另一种可能是微生物菌种不适应，活性差，或含毒性物质浓度过大，这时可能出现在几个稀释比中，稀释倍数大的消耗溶解氧反而较多的现象。

（3）为检查稀释水接种液的质量，以及化验人员操作水平，常用葡萄糖-谷氨酸标准溶液，其配制方法为在 103℃ 干燥 1h 的葡萄糖和谷氨酸称取 150mg，溶于水中，移入 1000mL 容量瓶中稀释至 1000mL，按测定 BOD_5 的步骤操作，测得的 BOD_5 值应为 180～230mg/L。

（4）水样稀释倍数超过 100 倍时，应预先在容量瓶中用水初步稀释后，再取适量进行最后稀释倍数。

实验七　工业废水中铬的价态分析

一、实验目的

（1）熟悉有害元素铬（Cr）的分析方法。

（2）学会使用 721 分光光度计。

二、实验原理

铬存在于电镀、冶炼、制革、纺织、制药等工业废水中。富铬地区地表水径流中含有铬。自然形成的铬常以元素或三价状态存在，水中的铬有三价、六价两种价态。三价铬和六价铬对人体健康都有害，一般认为，六价铬的毒性强，易为人体吸收而且可在体内蓄积。饮用含六价铬的水可引起人体内部组织的损坏，铬累积于鱼体内，也可使水生生物致死，抑制水体的自净作用。用含铬的水灌溉农作物，铬也会富集于果实中。

铬的测定可采用比色法、原子吸收分光光度法和容量法。使用二苯碳酰二肼比色法测定铬时可直接比色测定六价铬。如果先将三价铬氧化成六价铬后再比色测定就可测得水中的总铬。水样中铬含量较高时，可利用硫酸亚铁铵容量法测定其含量。受轻度污染的地面水中的六价铬，可直接用比色法测定。污水和含有机物的水样可使用氧化比色法测定总含量。水样中的三价铬用高锰酸钾氧化为六价，过量的高锰酸钾用亚硝酸钠分解，过剩的亚硝酸钠为尿素所分解，得到的清液用二苯碳酰二肼显色，测定总铬含量。本法最低检出浓度为 0.004mg/L，测定上限浓度为 0.2mg/L。

三、仪器

721 分光光度计；150mL 锥形瓶；50mL 比色管。

四、试剂

（1）（1+1）硫酸。

（2）（1+1）磷酸。

（3）4％高锰酸钾溶液。

（4）20％尿素溶液。

（5）2％亚硝酸钠溶液。

（6）二苯碳酰二肼溶液：溶解 0.2 g 二苯碳酰二肼于 100mL 95％的乙醇中，边搅拌，边加入 400mL 10％硫酸。存放于冰箱中，可用一个月。

（7）铬标准储备液：溶解 141.4mg 预先在 105～110℃烘干的重铬酸钾于水

中,转入 1000mL 容量瓶中,加水稀释至标线,此溶液每毫升含 50.0μg 六价铬。

　　(8)铬标准溶液:吸取 20.00mL 储备液至 1000mL 容量瓶中,加水稀释到标线,此溶液每毫升含 1.00μg 六价铬,临用时配制。

五、实验步骤

　　(1)标准曲线的绘制:取 5 支 50mL 的比色管,加入 0.00mL、1.00mL、2.00mL、4.00mL、8.00mL 的铬标准溶液,用水稀释至标线,加入 2mol/L 硫酸 5mL,摇匀,加入 2mL 二苯碳酰二肼,摇匀,放置 10min。以水为参比,在 540nm 波长下,比色测定吸光度。

　　(2)六价铬的测定:取 50.00mL 水样于比色管中,加入 2mol/L 硫酸 5mL,摇匀,加入 2mL 二苯碳酰二肼,摇匀。放置 10min,以水为参比,在 540nm 波长下,比色测定吸光度。

　　(3)总铬的测定:取 50mL 水样于锥形瓶中(调节 pH),加入 5mL 2mol/L 硫酸,摇匀,加入 0.5% 高锰酸钾至溶液保持紫红色,加热煮沸至 20mL,冷却,加入 1mL 2% 尿素,摇匀,用亚硝酸钠滴加至紫色消失,转移至比色管,用水稀释至标线,加入 2mol/L 硫酸 5mL,摇匀,加入 2mL 二苯碳酰二肼,摇匀。放置 10min,以水为参比,在 540nm 波长下,比色测定吸光度。

六、结果与讨论

　　(1)总铬浓度(Cr,mg/L)＝测得铬量(μg)/水样体积(mL)。

　　(2)还原过量的高锰酸钾溶液时,应先加尿素溶液,后加亚硝酸钠溶液,为什么?

　　(3)使用分光光度计应注意哪些事项?

实验八　水中挥发酚类的测定——4-氨基安替比林分光光度法

一、实验目的

了解酚类的危害以及掌握酚类的测定原理和方法。

1. 挥发酚来源和危害

(1) 含义：根据酚类能否与水蒸气一起蒸出，分为挥发酚和不挥发酚。挥发酚通常是指沸点在 230℃ 以下的酚类，通常属于一元酚。

(2) 来源：酚类主要来自炼油、煤气洗涤、炼焦、造纸、合成氨、木材防腐和化工等废水等。

(3) 危害：酚类物质属于高毒物质，人体摄入一定量时，可出现急性中毒症状；长期饮用被酚类污染的水，可引起头昏、出疹、瘙痒、贫血及各种神经系统症状。水中含低浓度(0.1~0.2mg/L)酚类时，可使得鱼肉有异味，高浓度(>0.5mg/L)时则造成中毒死亡。含酚浓度高的废水不宜用于农田灌溉，否则会使农作物枯死或减产。水中含微量酚类，在加氯消毒时，可产生特异的氯酚臭。

2. 挥发酚测定方法的选择

各国普遍采用 4-氨基安替比林分光光度法。

含量较高时(>0.5mg/L)，采用直接法；含量较低时(<0.5mg/L)，采用氯仿萃取法。

3. 水样的采集

用玻璃仪器采集水样。水样采集后应及时检查有无氧化剂存在。必要时加入过量的硫酸亚铁，立即加磷酸酸化至 pH=4.0(甲基橙指示)，并加入适量(2mL)硫酸铜(1g/L)，以抑制微生物对酚类的生物氧化作用，同时应冷藏(5~10℃)，并在采集 24h 内进行测定。

4. 预蒸馏[做(1)(2)，再蒸馏]

水中挥发酚经蒸馏以后，可以消除颜色、浑浊度等干扰。但当水样中含氧化剂、油、硫化物等干扰物质时，应在蒸馏前先做适当的预处理。

(1) 氧化剂：当水样经酸化后滴于碘化钾-淀粉试纸上出现蓝色时，说明存在氧化剂，可加入过量的硫酸亚铁去除。

(2) 硫化物：水样中含少量硫化物时，用磷酸将水样 pH 调至 4.0(用甲基橙指示),加入适量硫酸铜(1g/L),使之生成硫化铜去除。

当含量较高时,将磷酸酸化的水样置于通风橱内进行搅拌曝气,使之生成硫化氢逸出。

(3)油类:将水样移入分液漏斗中,静置分离出浮油后,加颗粒状氢氧化钠调节至 pH=12.0～12.5,用四氯化碳萃取(每升样品用 40mL 四氯化碳萃取 2 次),弃去四氯化碳层,萃取后的水样移入烧杯中,在通风橱中于水浴上加温,以除去残留的四氯化碳,用磷酸调节至 pH=4.0。当石油类浓度较高时,用正己烷处理要比四氯化碳处理好。

(4)甲醛、亚硫酸盐等有机或无机还原性物质:可分取适量水样于分液漏斗中,加硫酸使水样呈酸性,分次加入 50mL、30mL、30mL 乙醚或二氯甲烷萃取酚类,合并二氯甲烷或乙醚层于另一分液漏斗中,分次加入 4mL、3mL、3mL 10％的氢氧化钠溶液进行反萃取,使酚类转入氢氧化钠溶液中,合并碱萃取液,移入烧杯中,置于水浴上加热,以除去残余的萃取溶剂,然后用水将碱萃取液稀释至原分取水样的体积。

同时以水做空白实验。

注意:乙醚为低沸点、易燃和具有麻醉作用的有机溶剂,使用时要小心,周围应无明火,并在通风橱内操作。室温较高时,水样和乙醚应先置于冰水浴中降温后,再进行萃取操作,每次萃取应尽快完成。

二、实验原理

酚类化合物于 pH(10.00±0.2)介质中,在铁氰化钾存在下,与 4-氨基安替比林反应生成橙红色的吲哚酚安替比林染料,其水溶液在 510nm 波长处有最大吸收。

研究指出:酚类化合物中,羟基对位的取代基可阻止反应进行;但卤素、羧基、磺酸基、羟基和甲氧基除外,这些基团多半是能被取代的;邻位硝基阻止反应生成,而间位硝基是不完全地阻止反应;氨基安替比林与酚的偶合在对位较邻位多见,当对位被烷基、芳基、酯、硝基、苯酰基、亚硝基或醛基取代,而邻位未被取代时,不呈现颜色反应。

用光程为 20mm 的比色皿测定,酚的最低检出浓度为 0.1mg/L。

三、试剂

(1)苯酚标准储备液:称取 1.00g 无色苯酚(C_6H_5OH)溶于水,移入 1000mL 容量瓶中,稀释至标线,置于 4℃冰箱内保存,至少稳定一个月。

(2)储备液的标定(标定原理:溴酸钾-溴化钾,酸化后,生成溴单质,和苯酚发生定量反应,过量的溴酸钾氧化碘化钾析出碘,用硫代硫酸钠滴定。硫代硫酸钠用碘酸钾-碘化钾标定)。

(3) 苯酚中间液:将苯酚储备液用水稀释至 $10\mu g/mL$ 的苯酚标准中间液。使用时当天配制。

(4) 缓冲溶液(pH 为 10):称取 20g 氯化铵溶于 100mL 氨水中,加塞,置于冰箱中保存。

(5) 2%的 4-氨基安替比林溶液:称取 2g 的 4-氨基安替比林溶于水,稀释至100mL,置于冰箱中保存,可使用一周。

注:固体试剂易潮解、氧化,宜保存于干燥器中。

(6) 8%的铁氰化钾溶液:称取 8g 铁氰化钾溶于水,稀释至 100mL,置于冰箱中保存,可使用一周。

(7) 硫酸铜(1g/L)。

(8) 磷酸。

(9) 5%硫酸亚铁:称取 5g 硫酸亚铁固体,溶入 100mL 水中。

四、实验步骤

1. 校准曲线的绘制

于 8 支 50mL 比色管中,分别加入 0.00mL、0.50mL、1.00mL、3.00mL、5.00mL、7.00mL、10.00mL、12.50mL 浓度为 10 $\mu g/mL$ 的苯酚标准中间液,加水稀释至 50mL。加 0.5mL 缓冲溶液,混匀,此时 pH 为 10.00 ± 0.2,加 4-氨基安替比林溶液 1.0mL 混匀。再加 1.0mL 铁氰化钾溶液,充分混匀,放置 10min 后,立即于 510nm 波长,以光程为 20mm 比色皿,以水为参比,测定吸光度。以水代替水样,经蒸馏后,按水样测定相同步骤进行测定,以其结果作为水样测定的空白校正值。

2. 水样的测定

分别取适量的馏出液放入 50mL 比色管中,稀释至 50mL。用与绘制校准曲线相同步骤测定吸光度,最后减去空白实验所得吸光度。

3. 数据处理

吸光度经空白校正后,求出吸光度对苯酚含量(μg)的回归方程,将水样测定吸光度减去空白值后,代入回归方程,得出水样中挥发酚含量,并根据水样体积,计算出水样中挥发酚含量(苯酚,mg/L);最后,绘制吸光度对苯酚含量(μg)的校准曲线,并在图中标出测量点及其水样测定结果。

附录　4-氨基安替比林萃取光度法原理

　　酚类化合物在 pH＝10.00±0.2 介质中，在铁氰化钾的存在下，与 4-氨基安替比林反应所生成的橙红色安替比林染料可被二氯甲烷所萃取，并在 460nm 波长处有最大吸收。

　　本方法适用于饮用水、地表水、地下水和工业废水中挥发酚的测定。其最低检出浓度为 0.002mg/L；测定上限为 0.12mg/L。

实验九　废水中油的测定（紫外分光光度法）

一、实验目的

（1）了解废水中油的测定。

（2）理解实验的基本原理。

二、实验原理

紫外分光光度法是基于分子中价电子（即 σ 电子、π 电子、杂原子上未成键的孤对 n 电子）吸收一定波长范围的紫外光而产生的分子吸收光谱，其吸光度与物质浓度的关系，可用光的吸收定律，即朗伯-比尔定律来描述，用此公式可进行定量分析。

由于漂浮在水面，废水中的油会严重影响水体与大气间的氧的交换，另外，水中的油在被水体中的微生物和生物氧化分解时，也会消耗水中的溶解氧，这都会导致水质的恶化。此外，矿物油中还含有有毒的芳烃，对水环境有着很大的危害。

采用紫外分光光度法测定水样（含矿物油 0.05～50mg/L 的水样）中的油，具有操作简单、精密度好、灵敏度高的特点。石油及其产品在紫外光区有特征吸收，带有苯环的芳香族化合物，其主要吸收波长为 250～260nm；带有共轭双键的化合物主要吸收波长为 215～230nm。一般原油的两个吸收峰为 225nm 和 254nm。石油产品中，如燃料油、润滑油等的吸收峰与原油相近，因此，波长的选择应视实际情况而定，原油和重质油可选 254nm，而轻质油及炼油厂的油品可选 225nm。标准油采用受污染地点水样中的石油醚萃取物，如有困难可采用环保部门批准的标准油或 15 号机油、20 号重柴油。

三、仪器

紫外分光光度计；分液漏斗；50mL、100mL 容量瓶；砂芯漏斗。

四、试剂

（1）石油醚（60～90℃馏分）。

脱芳烃石油醚：将 60～100 目粗孔微球硅胶和 70～120 目中性层析氧化铝（在 150～160℃活化 4h），在未完全冷却前装入内径 25mm（其他规格也可）、高 750mm 的玻璃柱中。下层硅胶高 600mm，上层覆盖 50mm 厚的氧化铝，将 60～90℃石油醚通过此柱以脱除芳烃。收集石油醚于细口瓶中，以水为参比，在 225nm 处测定处理过的石油醚，其透光率不应小于 80%，或者用重蒸馏的方法，收集 60～80℃馏分。

（2）标准油：用经芳烃处理或重蒸馏过的 30～60℃ 石油醚，从待测水样中萃取油品，经无水硫酸钠脱水后过滤。将滤液置于 65℃ 水浴上蒸出石油醚。然后置于 65℃ 恒温箱内赶尽残留石油醚，即得标准油品。

（3）标准油储备溶液：准确称取标准油品 0.100g 溶于石油醚中，移入 100mL 容量瓶内，稀释至标线储于冰箱内。此溶液内每毫升含 1.00mg 油。

（4）标准油使用溶液：临用前把上述标准油储备液用石油醚稀释 10 倍，此液每毫升含 0.10mg 油。

（5）无水硫酸钠：在 300℃ 下烘干 1h，冷却后装瓶备用。

（6）（1+1）硫酸。

（7）氯化钠。

五、实验步骤

1. 标准曲线的绘制

向 7 个 50mL 容量瓶中，分别加入 0.00mL、2.00mL、4.00mL、8.00mL、12.00mL、20.00mL、25.00mL 标准油使用溶液，用石油醚（60～90℃）稀释至标线。在选定波长处，用 10mm 石英比色皿，以石油醚为参比测定吸光度，经空白校正后，绘制标准曲线。

2. 样品的测定

将以测量体积的水样，仔细移入 1000mL 分液漏斗中，加入（1+1）硫酸 5mL 酸化（若采样时已酸化，则不需加酸）。加入氯化钠，加入的量约为水量的 2%（质量浓度）。用 20mL 石油醚（60～90℃馏分）清洗采样瓶后，移入分液漏斗中。充分振摇 3min，静置使之分层，将水层移入采样瓶内。将石油醚萃取液通过内铺有 5mm 厚的无水硫酸钠层的砂芯漏斗，滤入 50mL 容量瓶内，将水层移回分液漏斗内，用 20mL 石油醚重复萃取一次，将石油醚通过有无水硫酸钠层的砂芯漏斗，滤入 50mL 容量瓶。然后用 10mL 石油醚洗涤漏斗，其洗涤液均收集于同一容量瓶内，并用石油醚稀释至标线。在选定的波长处，用 10mm 石英比色皿，以石油醚为参比，测量其吸光度。取与水样相同的水，与水样同样操作，进行空白实验，测量吸光度。由水样测得的吸光度减去空白实验的吸光度，从校准曲线上查出相应的油含量。

六、计算

$$油的含量(mg/L) = m \times 1000/V$$

式中：m——从标准曲线中查出相应油的量，mg；

V——水样体积，mL。

七、注意事项

（1）不同油品的特征吸收峰不同，如难以确定测定的波长时，可向 50mL 容量瓶中移入标准油使用溶液 20～25mL，用石油醚稀释至标线，在波长为 215～300nm，用 10mm 石英比色皿测得吸收光谱图（以吸光度为纵坐标，波长为横坐标的吸光度曲线），得到最大吸收峰的位置，一般在 220～225nm。

（2）用的器皿应避免有机物污染。

（3）水样及空白测定所使用的石油醚应为同一批号，否则会由于空白值不同而产生误差。

（4）如石油醚纯度较低或缺乏脱芳烃条件，也可采用己烷作萃取剂。将己烷进行重蒸馏后使用，或者用水洗涤 3 次，以除去水溶性杂质。以水作参比，于波长225nm 处测定，其透光率应大于 80％方可使用。

（5）加入 1～5 倍含油量的苯酚，对测定的结果无干扰，动、植物性油脂的干扰作用比红外线法小。用塑料桶采集或保存水样，会引起测定结果偏低。

实验十　氨氮的测定——纳氏试剂光度法

一、方法原理

碘化汞和碘化钾的碱性溶液与氨反应生成淡红棕色胶态化合物,此颜色在较宽的波长内具有强烈吸收。通常测量波长为 410~425nm。

脂肪胺、芳香胺、醛类、丙酮类和有机氯胺类等有机化合物,以及铁、锰、镁和硫等无机离子,因产生异色或浑浊而引起干扰,水中颜色和浑浊也影响比色,因此须经絮凝沉淀过滤或蒸馏预处理,易挥发的还原干扰物质,还可在该实验条件下加热以除去。对金属离子的干扰,可加入适量的掩蔽剂加以消除。

本法最低检出浓度为 0.025mg/L(光度法),测定上限为 2mg/L。采用目视比色法,最低检出浓度为 0.02mg/L。水样作适当的预处理后,本法可适用于地表水、地下水、工业废水和生活污水中氨氮的测定。

二、仪器

721 分光光度计;pH 计。

三、试剂

(1) 配制试剂用水应为无氨水。

(2) 纳氏试剂,以下任选一种方法制备。

① 称取 20g 碘化钾溶于约 100mL 水中,边搅拌边分次少量加入氯化汞($HgCl_2$)结晶粉末约 10g,出现朱红色沉淀直至不易溶解时,改为滴加氯化汞溶液,并充分搅拌,当出现微量朱红色沉淀且不易溶解时,停止滴加氯化汞溶液。

另称取 60g 氢氧化钾溶于水,并稀释到 250mL,充分冷却到室温后,将上述溶液在搅拌下徐徐注入氢氧化钾溶液中,用水稀释至 400mL,混匀,静置过夜。将上清液移入聚乙烯瓶中,密塞保存。

② 称取 16g 氢氧化钠,溶于 50mL 水中,充分冷却至室温。另称取 7g 碘化钾和 10g 碘化汞(HgI_2)溶于水,然后将此溶液在搅拌下徐徐注入氢氧化钠溶液中,用水稀释至 100mL,储于聚乙烯瓶中,密塞保存。

(3) 酒石酸钾钠溶液:称取 50g 酒石酸钾钠($KNaC_4H_4O_6 \cdot 4H_2O$)溶于 100mL 水中,加热煮沸以除去氨,放冷,定容至 100mL。

(4) 铵标准储备溶液:称取 3.81g 经 100℃ 干燥过的优级氯化铵(NH_4Cl)溶于水中,移入 1000mL 容量瓶中,稀释至标线。此溶液每毫升含 1.00mg 氨氮。

(5) 铵标准使用溶液:移取 5.00mL 铵标准储备液于 500mL 容量瓶中,用水稀释至标线。此溶液每毫升含 0.010mg 氨氮。

四、实验步骤

1. 校准曲线的绘制

分别吸取 0、0.50mL、1.00mL、3.00mL、5.00mL、7.00mL 和 10.00mL 铵标准使用溶液于 50mL 比色管中,加水至标线,加 1.0mL 酒石酸钾钠溶液,混匀。加 1.5mL 纳氏试剂,混匀。放置 10min 后在波长 420nm 处,用光程 20mm 比色皿以水作参比,测量吸光度。

由测得的吸光度,减去零浓度空白的吸光度后,得到校正吸光度,绘制以氨氮含量(mg)对校正吸光度的校准曲线。

2. 水样的测定

分别取适量经絮凝沉淀预处理后的水样(使氨氮含量不超过 0.1mg),加入 50mg 比色管中,稀释至标线,加 1.0mL 酒石酸钾钠溶液,以下同校准曲线的绘制。

分别取适量经蒸馏预处理后的馏出液,置于 50mL 比色管中,加一定量 1mol/L 氢氧化钠溶液以中和硼酸,稀释至标线。加 1.5mL 纳氏试剂,混匀。放置 10min 后,同校准曲线步骤测量吸光度。

3. 空白实验

以无氨水代替水样,做全程序空白测定。

五、计算

由水样测得的吸光度减去空白实验的吸光度后,从校准曲线上查得氨氮含量(mg)。

$$氨氮(N,mg/L)=\frac{m}{V}\times1000$$

式中:m——由校准曲线查得的氨氮量,mg;

$\qquad V$——水样体积,mL。

精密度和准确度:3 个实验分析含 1.14~1.16mg/L 氨氮的加标水样,单个实验室的相对标准偏差不超过 9.5%;加标回收率 95%~104%。四个实验分析含 1.81~3.06mg/L 氨氮的加标水样,单个实验室的相对标准偏差不超过 4.4%;加标回收率为 94%~96%。

六、注意事项

（1）纳氏试剂中碘化汞与碘化钾的比例对显色反应的灵敏有较大影响；静置后生成的沉淀应除去。

（2）滤纸中常含痕量，使用时注意用无氨水洗涤。所用玻璃器皿应避免实验室空气中氨的沾污。

实验十一　大气中总悬浮颗粒物的测定

一、实验目的

总悬浮颗粒物是指能悬浮在空气中,空气动力学当量直径≤100μm 的颗粒物和液粒,即粒径在 100μm 以下的颗粒物,记作 TSP,是大气质量评价中的一个通用的重要污染指标。它主要来源于燃料燃烧时产生的烟尘、生产加工过程中产生的粉尘、建筑和交通扬尘、风沙扬尘以及气态污染物经过复杂物理化学反应在空气中生成的相应的盐类颗粒。总悬浮颗粒物的浓度以每立方米空气中总悬浮颗粒物的毫克数表示。其对人体的危害程度主要取决于自身的粒度大小及化学组成。总悬浮颗粒物中粒径大于 10μm 的物质,几乎都可被鼻腔和咽喉所捕集,不进入肺泡。对人体危害最大的是 10μm 以下的悬浮状颗粒物,称为飘尘(后改称为可吸入颗粒物),飘尘可经过呼吸道沉积于肺泡。慢性呼吸道炎症、肺气肿、肺癌的发病与空气颗粒物的污染程度明显相关,当长年接触颗粒物浓度高于 $0.2mg/m^3$ 的空气时,其呼吸系统病症增加。

国家环境质量标准规定,居住区总悬浮颗粒物日平均浓度低于 $0.3mg/m^3$,年平均浓度低于 $0.2mg/m^3$。

二、实验原理

用重量法测定大气中总悬浮颗粒物的方法一般分为大流量($1.1\sim1.7\ m^3/min$)采样法和中流量($0.05\sim0.15\ m^3/min$)采样法。其原理基于:抽取一定体积的空气,使之通过已恒量的滤膜,则悬浮微粒被阻留在滤膜上,根据采样前后滤膜质量之差及采气体积,即可计算总悬浮颗粒物的质量浓度。

本实验采用中流量采样法测定。

三、仪器

(1)中流量采样器:流量 50～150L/min,滤膜直径 8～10cm。

(2)流量标准装置:经过罗茨流量计校准的孔口校准器。

(3)气压计。

(4)滤膜:超细玻璃纤维滤膜或聚氯乙烯滤膜。

(5)滤膜储存袋及储存盒。

(6)分析天平:感量 0.1mg。

四、实验步骤

1. 采样器的流量校准

采样器每月用孔口校准器进行流量校准。

2. 采样

（1）每张滤膜使用前均需用光照检测，不得使用有针孔或有任何缺陷的滤膜采样。

（2）迅速称量在平衡室内已平衡 24h 的滤膜，读数准确至 0.1mg，记下滤膜的编号和质量，将其平展地放在光滑洁净的纸袋内，然后储存于盒内备用。天平放置在平衡室内，平衡室温度在 20～25℃，温度变化小于±3℃，相对湿度小于 50%，湿度变化小于 5%。

（3）将已恒量的滤膜用小镊子取出，毛面向上，平放在采样夹的网托上，拧紧采样夹，按照规定的流量采样。

（4）采样 5min 后和采样结束前 5min，各记录一次 U 形压差计压差值，读数准确至 1mm。若有流量记录器，则直接记录流量。测定日平均浓度一般从 8:00 开始采样至第二天 8:00 结束。若污染严重，可用几张滤膜分段采样，合并后计算日平均浓度。

（5）采样后，用镊子小心取下滤膜，使采样毛面朝内，以采样有效面积的长边为中线对叠好，放回光滑的纸袋并储于盒内。将有关参数及现场温度、大气压力等记录填写在表 2-1 中。

表 2-1　总悬浮颗粒物采样记录

_____市（县）　　_____监测点

日期	时间	采样温度/K	采样气压/kPa	采样器编号	滤膜编号	压差值(cm 水柱)			流量/(m³/min)		备注
						开始	结束	平均	Q_2	Q_n	

3. 样品测定

将采样后的滤膜在平衡室内平衡 24h，迅速称量，结果记录有关参数于表 2-2 中。

表 2-2　总悬浮颗粒物浓度测定记录

_____市(县)　_____监测点

日期	时间	滤膜编号	流量 Q_n/(m³/min)	采样体积/m³	滤膜质量/g			总悬浮颗粒物浓度/(mg/m³)
					采样前	采样后	样品重	

分析者_____审核者_____

五、计算

$$TSP = \frac{W}{Q_n \cdot t}$$

式中：W——采集在滤膜上的总悬浮颗粒物质量，mg；

$\quad\quad t$——采集时间，min；

$\quad\quad Q_n$——标准状态下的采样流量，m³/min，按下式计算

$$Q_n = Q_2 \sqrt{\frac{T_3 \cdot P_2}{T_2 \cdot P_3}} \times \frac{273 \times P_3}{101.3 \times T_3}$$

$$= Q_2 \sqrt{\frac{P_2 \cdot P_3}{T_2 \cdot T_3}} \times \frac{273}{101.3}$$

$$= 2.69 \times Q_2 \sqrt{\frac{P_2 \cdot P_3}{T_2 \cdot T_3}}$$

式中：Q_2——现场采样流量，m³/min；

$\quad\quad P_2$——采样器现场校准时大气压力，kPa；

$\quad\quad P_3$——采样时大气压力，kPa；

$\quad\quad T_2$——采样器现场校准时空气温度，K；

$\quad\quad T_3$——采样时的空气温度，K。

若 T_3、P_3 与采样器校准时的 T_2、P_2 相近，可用 T_2、P_2 代之。

六、注意事项

(1)滤膜称量时的质量控制：取清洁滤膜若干张，在平衡室内平衡 24h，称量。每张滤膜称量 10 次以上，则每张滤膜的平均值为该张滤膜的原始质量，此为"标准滤膜"。每次称清洁或样品滤膜的同时，称量两张"标准滤膜"，若称出的质量在原

始质量±5mg 范围内,则认为该批样品滤膜称量合格,否则应检查称量环境是否符合要求,并重新称量该批样品滤膜。

（2）要经常检查采样头是否漏气。当滤膜上颗粒物与四周白边之间的界线逐渐模糊,则表明应更换面板密封垫。

（3）称量不带衬纸的聚氯乙烯滤膜时,在取放滤膜时,用金属镊子触一下天平盘,以消除静电的影响。

七、思考题

（1）什么是总悬浮颗粒物? 它主要来源于哪里?

（2）怎样用重量法测定大气中的总悬浮颗粒物? 应注意控制哪些因素?

实验十二 空气中氮氧化物的测定（盐酸萘乙二胺分光光度法）

一、实验目的

氮的氧化物主要有 NO、NO_2、N_2O_3、N_2O_4、N_2O_5、N_2O 等，大气中的氮氧化物主要以 NO、NO_2 形式存在，简写 NO_x。NO 是无色、无臭气体，微溶于水，在大气中易被氧化成 NO_2；NO_2 是红棕色有特殊刺激性臭味的气体，易溶于水。

NO_x 主要来源于硝酸、化肥、燃料、炸药等工厂产生的废气、燃料的高温完全燃烧、交通运输等。NO_x 不仅对人体健康产生危害（呼吸道疾病），还是形成酸雨的主要物质之一。

主要测定方法有盐酸萘乙二胺分光光度法（GB 8968—88）、中和滴定法或二磺酸酚分光光度法（GB/T 13906—92）、Saltzman 法（GB/T 15436—1995）、化学发光法等。

通过本次实验，掌握空气中 NO_2 的来源与危害，也能够掌握空气采样器的使用方法及用溶液吸收法采集空气样品；学会用分光光度法测定 NO_2 的原理与操作，学会分光光度分析的数据处理方法；还能够初步了解化学发光法测定 NO_2 的原理。

二、实验原理

空气中的 NO_2 被吸收液吸收后，生成 HNO_3 和 HNO_2，在冰醋酸存在下，HNO_2 与对氨基苯磺酸发生重氮化反应，然后再与盐酸萘乙二胺偶合，生成玫瑰红色偶氮染料，其颜色深浅与气样中 NO_2 的浓度成正比，因此可进行分光光度测定，在 540nm 测定吸光度。

该方法适于测定空气中的氮氧化物，测定范围为 $0.01 \sim 20 mg/m^3$。

方法特点：该法采样和显色同时进行，操作简便、灵敏度高。NO、NO_2 可分别测定，也可以测 NO_x 总量。测 NO_2 时直接用吸收液吸收和显色。测 NO_x 时，则应将气体先通过 CrO_3-砂子氧化管，将大气样中的 NO 氧化为 NO_2，然后通入吸收液吸收和显色。

三、仪器

(1) 空气采样器：流量范围 $0 \sim 1 L/min$。

(2) 多孔玻板吸收管 10mL。

(3) 分光光度计。

(4) 比色管。

（5）氧化管。

四、实验步骤

1. 标准曲线的绘制

取 6 支 10mL 带塞比色管,按照表 2-3 参数和方法配制 NO_2^- 标准溶液系列(亚硝酸钠标准使用液浓度为 2.5μg/mL)。各管摇匀后,避开直射阳光,放置 20min,在波长 540nm 处,用 1cm 比色皿,以蒸馏水为参比,测定吸光度 A。

表 2-3　NO_2^- 标准系列的配制

比色管编号	1	2	3	4	5	6
亚硝酸钠标准使用液/mL	0	0.40	0.80	1.20	1.60	2.00
蒸馏水/mL	2.00	1.60	1.20	0.80	0.40	0
显色液/mL						
NO_2^- 含量($\mu g/mL$)						
吸光度 A_0						
校正吸光度 A						
线性回归方程						
线性相关系数 r						

绘制标准曲线,求出一元线性回归方程:
$$Y(吸光度)=a \cdot x+b=a \cdot m_{NO_2^-}+b$$

2. 空气样品的采集

（1）现场空白样品的采集:采集二氧化氮样品时,应准备一个现场空白吸收管,和其他采样吸收管同时带到现场。该管不采样,采样结束后和其他采样吸收管一起带回实验室,进行测定。

（2）二氧化氮现场平行样品的采集:用两台相同型号的采样器,以同样的采样条件(包括时间、地点、吸收液、流量、朝向等)采集两个气体平行样。在采样的同时记录现场温度和大气压力。

采样时,移取 10.0mL 吸收液置于气泡吸收管中,用尽量短的硅橡胶管将其与采样器相连。以 0.5mL/min 流量采气 4～24L。

移取 10.0mL 吸收液置于吸收管中,用尽量短的硅橡胶管将其与采样器相连。以 0.2～0.4L/min 流量,避光采样至吸收液呈微红色为止。记录采样时间,密封好采样管,带回实验室测定,见表 2-4。

表 2-4　空气中二氧化氮的采样记录

采样流量/(L/min)		
采样时间/min		
温度/℃		
大气压力/Pa		
平行样品号	1	2
采样体积/L		
标准体积/L		

在采样的同时记录现场温度和大气压力。

3. 样品的测定

采样后样品于暗处放置 20 min(室温 20℃以下放置 40 min 以上)后,用水将吸收管中的体积补充至标线,混匀,按照绘制标准曲线的方法和条件测量试剂空白溶液和样品溶液及现场空白样的测定的吸光度,并记录数据于表 2-5 中。

当现场空白值高于或低于试剂空白值时,应以现场空白值为准,对该采样点的实测数据进行校正。

表 2-5　二氧化氮样品的测定

平行样品号	1	2
样品溶液的吸光度		
试剂空白溶液的吸光度		
现场空白样的吸光度		
含 NO_2^- 量/μg		

五、计算

计算氮氧化物(NO_2^-,mg/m^3)含量:

$$氮氧化物(NO_2^-,mg/m^3) = (A - A_0 - a) \cdot V / (b \cdot f \cdot V_0)$$

式中:A、A_0——分别为样品溶液、试剂空白溶液的吸光度;

a、b——分别为标准曲线的斜率和截距;

V——移取吸收液的体积,mL;

V_0——换算为标准状态下的采样体积;

f——Saltzman 实验系数,0.88。

六、注意事项

(1) 吸收液应避光。防止光照使吸收液显色而使空白值增高。

（2）如果测定总氮氧化物，则在测定过程中，应注意观察氧化管是否板结，或者变成绿色。若板结会使采样系统阻力增大，影响流量；若变绿，表示氧化管已经失效。

（3）吸收后的溶液若显黄棕色，表明吸收液已受到三氧化铬的污染，该样品应报废，须重新配制吸收液后重做。

（4）采样过程中防止太阳光照射。在阳光照射下采集的样品颜色偏黄，非玫瑰红色。

七、思考题

（1）如果测定总氮氧化物，则需在本实验装置上增加何种装置？

（2）当采样的流量控制一定时，在采样过程中，可怎样简便而快速确定合理的采样时间？

实验十三　大气中苯系物的测定

一、实验目的

了解苯系物的环境危害以及掌握大气中苯系物的测定。

1. 苯系物的环境危害

苯系物一般是苯、甲苯、乙苯、对二甲苯、间二甲苯、邻二甲苯、异丙苯、苯乙烯的统称,它是大气环境和许多污染源气体中最常见的化合物,对人体健康具有一定的危害作用,是环境的重要污染物。

苯广泛地应用在化工生产中,它是制造染料、香料、合成纤维、合成洗涤剂、聚苯乙烯塑料、丁苯橡胶、炸药、农药杀虫剂(如六六六)等的基本原料。它也是制造油基漆、硝基漆等的原料。化工厂超标排放的废水、废气是造成环境中苯污染事故的主要根源。

甲苯是重要的化工原料,也是燃料的重要成分,使用甲苯的工厂、加油站、汽车尾气是主要污染源。城市空气中的甲苯,主要来自于汽油有关的排放及工业活动造成的溶剂损失和排放。

1993 年苯被世界卫生组织(WTO)确认为强致癌物质。苯可以引起白血病和再生障碍性贫血被医学界公认。由于苯属芳香烃类,人们不易警觉其毒性。人在短时间内吸入高浓度的甲苯、二甲苯时,可出现中枢神经系统麻醉的相关症状,轻者有头晕、头痛、恶心、胸闷、乏力、意识模糊,严重者可致昏迷直至呼吸、循环系统衰竭而死亡。如果长期接触一定浓度的甲苯、二甲苯会引起慢性中毒,可出现头痛、失眠、精神萎靡、记忆力减退等神经衰弱症。甲苯、二甲苯对生殖功能也有一定影响,会导致胎儿先天性缺陷(即畸形);对皮肤和黏膜刺激性大,对神经系统损伤比苯强,长期接触有引起膀胱癌的可能。

乙苯通过石油精炼、煤焦油蒸馏等方法制得,主要用来脱氢制造苯乙烯,是一种良好的溶剂,在化工生产中应用较为广泛。乙苯主要通过工业废水和废气进入环境,在地表水体中的乙苯主要迁移过程是挥发和在空气中的光解。由于乙苯在水溶液中挥发趋势大,废水中的乙苯很快挥发至大气中。乙苯毒性较低,但对皮肤、眼睛和呼吸道的刺激作用比甲苯强。吸入、食入或经皮肤吸收可引起中毒,出现头痛、咳嗽、呼吸困难、神志不清、腹痛、视力模糊、肌肉抽搐或肢体痉挛等症状,很快昏迷不醒,甚至死亡。

二甲苯是重要的化工原料,橡胶、油漆、染料、化纤、石油加工、制药、纤维素等生产工厂的废水和废气,以及生产设备不密封和车间通风换气,是环境中二甲苯的主要来源。运输、储存过程中的翻车、泄漏,火灾也会造成意外污染事故。苯乙烯用于有机合成,特别是生产合成橡胶,苯乙烯还广泛用于生产聚醚树脂、增塑剂和塑料等。

近年来,我国的空气质量普遍受到污染,苯系物含量的高低能直接表示大气中有机物污染的水平,故在环境影响评价、重大污染事故、环境污染纠纷及日常监测、科研中,苯系物均有较为广泛的应用。

2. 目标组分

《大气污染物综合排放标准》(GB 16297—1996)中有苯、甲苯、二甲苯的限值标准,《中国居住区大气中有害物质最高容许浓度》(TJ 36—79)中有苯、二甲苯、苯乙烯的限值标准,《室内空气质量标准》(GB/T 18883—2002)中有苯、甲苯、二甲苯的限值标准,《苏联居民区大气中有害物质的最大允许浓度》有苯、甲苯、乙苯、对二甲苯、间二甲苯、邻二甲苯、异丙苯和苯乙烯的限值标准。为满足环境质量标准和排放标准的要求,《环境空气　苯系物的测定　活性炭吸附/二硫化碳解吸-气相色谱法》(HJ 584—2010)在《空气质量　苯乙烯的测定　气相色谱法》(GB/T 14670—93)的基础上增加苯、甲苯、乙苯、二甲苯和异丙苯,使得目标化合物的种类达到了八种,在选定的色谱柱和分析条件下,各组分互不干扰,且有良好的分离度。

3. 检出限

按照《空气质量　苯系物的测定—活性炭吸附/二硫化碳解吸-气相色谱法》中样品分析的全部步骤,对浓度值(含量)为估计方法检出限值1~5倍的样品进行 7 次平行测定。计算 7 次平行测定的标准偏差,计算方法检出限:

$$MDL = t_{(n-1,0.99)} \times S$$

式中:MDL——方法检出限;

　　　n——样品的平行测定次数;

　　　t——自由度为 $n-1$,置信度为 99%时 t 分布;

　　　S——n 次平行测定的标准偏差。

其中,当自由度为 $n-1$,置信度为 99%时的 t 值可参考如下取值:

平行测定次数(n)	自由度($n-1$)	$t_{(n-1,0.99)}$
7	6	3.143

二、试剂与材料

(1) 标准溶液:各苯系物标准溶液。

（2）仪器和设备：色谱柱采用了 GB/T 14670—93 标准中规定的填充柱，主要原因是能更好地分离八种目标组分。毛细管柱对比分析方法，实验证明，固定液为聚乙二醇，膜厚大于 $1.0\mu m$ 的毛细管柱（WAX 柱）对目标组分有较好的分离。

（3）采样管。

（4）样品的采集：采样管的密封采用聚四氟乙烯密封帽。

现场空白样品的采集：

参考 EPA 方法中 TO—17 的相关内容，增加了空白样品管采样部分，与原标准相比，HJ 584—2010 的空白样品管不仅包含了本底残留，而且包含了采样管开封至连接采样器期间的环境污染，更好地保证了监测结果的准确性。

样品的保存，采样管的保存参考了 ISO—9487 中的相关内容。

三、实验步骤

1. 分析条件

（本部分内容为参考内容，各实验室可以根据实际情况进行相应调整。）

本着能够快速分离目标组分，且每种组分的响应值能达到更高的原则，毛细管柱气相色谱法采用程序升温，而填充柱气相色谱法采用恒温。

图 2-1 所示的色谱图在柱箱温度恒温为 65℃ 的条件下得到，图 2-2 所示的色谱图则采用了升温程序。从图 2-1 中可以看出，后三个组分的响应值不如图 2-2 中高，尤其是最后一个组分苯乙烯的响应值，而且采用了程序升温以后，减少了分析时间，提高分析的效率。考虑某些连接填充柱的气相色谱仪的功能较为单一，没有程序升温功能，所以本方法在填充柱气相色谱法中采用了恒温程序加以分离目标组分。若有程序升温功能，可自行设定相应的升温程序。

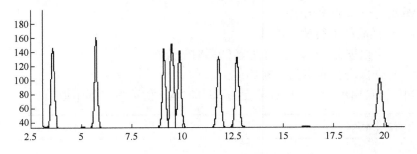

图 2-1 毛细管柱气相色谱法恒温程序色谱图

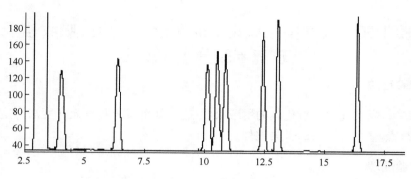

图 2-2　毛细管柱气相色谱法升温色谱图

2. 校准曲线的绘制

一般地,我国城市与农村环境空气中苯系物含量为 $0.5 \sim 100 \mu g/m^3$,本标准校准曲线最低点浓度为 $0.5 \mu g/mL$,按照采样 10L 计算,对应的气体浓度为 $50 \mu g/m^3$,可以满足大部分环境空气样品的测定需要,而校准曲线的高浓度点则满足了废气样品的测定需要。

3. 仪器的稳定性检查

仪器的稳定性检查保留原来标准的内容。

四、计算

结果的计算可以分别采用单点校准法和标准曲线法。

精密度采用空白样品吸附管加标准溶液的方法测定,取两种浓度,一种是在校准曲线的最低点浓度(0.5mg/L),加标量为 $1.0 \mu L$;另一种浓度为校准曲线的最高点浓度(50.0mg/L),加标量为 $1.0 \mu L$。按照标准方法的分析步骤进行测定,分别测定 6 次,计算其相对标准偏差。

准确度通过测定两种不同浓度国家标样中标准溶液样品计算得到,按照标准方法的分析步骤进行测定,分别测定 6 次,计算其相对误差和相对误差的最终值。

回收率的确定采用了实际样品加标的方法来确定,每种组分的加标量为100ng,之后按照方法测定,计算其加标回收率。

实验十四　大气中二氧化硫的测定——甲醛吸收-盐酸副玫瑰苯胺分光光度法

一、实验目的

(1) 掌握大气中二氧化硫的甲醛吸收-盐酸副玫瑰苯胺分光光度法测定原理。

(2) 熟悉大气样品的采集过程。

二、实验原理

二氧化硫被甲醛缓冲溶液吸收后,生成稳定的羟甲基磺酸加成化合物,在样品溶液中加入氢氧化钠使加成化合物分解,释放出的二氧化硫与副玫瑰苯胺、甲醛作用,生成紫红色化合物,用分光光度计在波长 577nm 处测量吸光度。

当使用 10mL 吸收液,采样体积为 30L 时,测定空气中二氧化硫的检出限为 $0.007mg/m^3$,测定下限为 $0.028mg/m^3$,测定上限为 $0.667mg/m^3$。当使用 50mL 吸收液,采样体积为 288L,使用 10mL 时,测定空气中二氧化硫的检出限为 $0.004mg/m^3$,测定下限为 $0.014mg/m^3$,测定上限为 $0.347mg/m^3$。

测定方法主要干扰物为氮氧化物、臭氧及某些重金属元素。采样后放置一段时间可使臭氧自行分解;加入氨磺酸钠溶液可消除氮氧化物的干扰;吸收液中加入磷酸及环己二胺四乙酸二钠盐可以消除或减少某些金属离子的干扰。10mL 样品溶液中含有 $50\mu g$ 钙、镁、铁、镍、镉、铜等金属离子及 $5\mu g$ 二价锰离子时,对本方法测定不产生干扰。当 10mL 样品溶液中含有 $10\mu g$ 二价锰离子时,可使样品的吸光度降低 27%。

三、仪器

(1) 分光光度计。

(2) 多孔玻板吸收管:10mL 多孔玻板吸收管,用于短时间采样;50mL 多孔玻板吸收管,用于 24h 连续采样。

(3) 恒温水浴:0~40℃,控制精度为 ±1℃。

(4) 具塞比色管:10mL 用过的比色管和比色皿应及时用盐酸-乙醇清洗液浸洗,否则红色难于洗净。

(5) 空气采样器:用于短时间采样的普通空气采样器,流量范围 0.1~1L/min,应具有保温装置。用于 24h 连续采样的采样器应具备有恒温、恒流、计时、自动控制开关的功能,流量范围为 0.1~0.5L/min。

(6) 一般实验室常用仪器。

四、试剂

(1) 碘酸钾(KIO_3),优级纯,经 110℃ 干燥 2h。

(2) 氢氧化钠溶液[$c(NaOH)=1.5mol/L$]:称取 6.0g NaOH,溶于 100mL 水中。

(3) 环己二胺四乙酸二钠溶液[$c(CDTA-2Na)=0.05mol/L$]:称取 1.82g 反式 1,2-环己二胺四乙酸[(*trans*-1,2-cyclohexylen edinitrilo) tetraacetic acid,简称 CDTA],加入氢氧化钠溶液 6.5mL,用水稀释至 100mL。

(4) 甲醛缓冲吸收储备液:吸取 36%~38% 的甲醛溶液 5.5mL,CDTA-2Na 溶液 20.00mL;称取 2.04g 邻苯二甲酸氢钾,溶于少量水中;将三种溶液合并,再用水稀释至 100mL,储于冰箱可保存 1 年。

(5) 甲醛缓冲吸收液:用水将甲醛缓冲吸收储备液稀释 100 倍。临用时现配。

(6) 氨磺酸钠溶液[$\rho(NaH_2NSO_3)=6.0g/L$]:称取 0.60g 氨磺酸[H_2NSO_3H]置于 100mL 烧杯中,加入 4.0mL 氢氧化钠,用水搅拌至完全溶解后稀释至 100mL,摇匀。此溶液密封可保存 10d。

(7) 碘储备液[$c(1/2I_2)=0.10mol/L$]:称取 12.7g 碘(I_2)于烧杯中,加入 40g 碘化钾和 25mL 水,搅拌至完全溶解,用水稀释至 1000mL,储于棕色细口瓶中。

(8) 碘溶液[$c(1/2I_2)=0.010mol/L$]:量取碘储备液 50mL,用水稀释至 500mL,储于棕色细口瓶中。

(9) 淀粉溶液($\rho=5.0g/L$):称取 0.5g 可溶性淀粉于 150mL 烧杯中,用少量水调成糊状,慢慢倒入 100mL 沸水,继续煮沸至溶液澄清,冷却后储于试剂瓶中。

(10) 碘酸钾基准溶液[$c(1/6KIO_3)=0.1000mol/L$]:准确称取 3.5667g 碘酸钾溶于水,移入 1000mL 容量瓶中,用水稀释至标线,摇匀。

(11) 盐酸溶液[$c(HCl)=1.2mol/L$]:量取 100mL 浓盐酸,用水稀释至 1000mL。

(12) 硫代硫酸钠标准储备液[$c(Na_2S_2O_3)=0.10mol/L$]:称取 25.0g 硫代硫酸钠($Na_2S_2O_3 \cdot 5H_2O$),溶于 1000mL 新煮沸但已冷却的水中,加入 0.2g 无水碳酸钠,储于棕色细口瓶中,放置一周后备用。如溶液呈现混浊,必须过滤。

标定方法:吸取三份 20.00mL 碘酸钾基准溶液分别置于 250mL 碘量瓶中,加 70mL 新煮沸但已冷却的水,加 1g 碘化钾,振摇至完全溶解后,加 10mL 盐酸溶液,立即盖好瓶塞,摇匀。于暗处放置 5min 后,用硫代硫酸钠标准溶液滴定溶液至浅黄色,加 2mL 淀粉溶液,继续滴定至蓝色刚好褪去即为终点。硫代硫酸钠标准溶液的摩尔浓度计算为

$$c_1 = \frac{0.1000 \times 20.00}{V}$$

式中,c_1——硫代硫酸钠标准溶液的摩尔浓度,mol/L;

　　V——滴定所耗硫代硫酸钠标准溶液的体积,mL。

(13) 硫代硫酸钠标准溶液[$c(Na_2S_2O_3)=0.01\pm0.00001$mol/L]:取 50.0mL 硫代硫酸钠储备液置于 500mL 容量瓶中,用新煮沸但已冷却的水稀释至标线,摇匀。

(14) 乙二胺四乙酸二钠盐(EDTA-2Na)溶液($\rho=0.50$g/L):称取 0.25g 乙二胺四乙酸二钠盐([—CH$_2$N(COONa)CH$_2$COOH]·H$_2$O,简称 EDTA)溶于 500mL 新煮沸但已冷却的水中。临用时现配。

(15) 亚硫酸钠溶液[$\rho(Na_2SO_3)=1$g/L]:称取 0.2g 亚硫酸钠(Na$_2$SO$_3$),溶于 200mL EDTA-2Na 溶液中,缓缓摇匀以防充氧,使其溶解。放置 2~3h 后标定。此溶液每毫升相当于 320~400μg 二氧化硫。

标定方法:

(a) 取 6 个 250mL 碘量瓶(A1、A2、A3、B1、B2、B3),分别加入 50.0mL 碘溶液。在 A1、A2、A3 内各加入 25mL 水,在 B1、B2 内加入 25.00mL 亚硫酸钠溶液盖好瓶盖。

(b) 立即吸取 2.00mL 亚硫酸钠溶液加入一个已装有 40~50mL 甲醛吸收液的 100mL 容量瓶中,并用甲醛吸收液稀释至标线,摇匀。此溶液即为二氧化硫标准储备溶液,在 4~5℃下冷藏,可稳定 6 个月。

(c) 再吸取 25.00mL 亚硫酸钠溶液加入 B3 内,盖好瓶塞。

(d) A1、A2、A3、B1、B2、B3 六个瓶子于暗处放置 5min 后,用硫代硫酸钠溶液滴定至浅黄色,加 5mL 淀粉指示剂,继续滴定至蓝色刚刚消失。平行滴定所用硫代硫酸钠溶液的体积之差应不大于 0.05mL。二氧化硫标准储备溶液的质量浓度计算式为

$$\rho=\frac{(\overline{V}_0-\overline{V})\times c_2\times32.02\times10^3}{25.00}\times\frac{2.00}{100}$$

式中:ρ——二氧化硫标准储备溶液的质量浓度,μg/mL;

　　$\overline{V}_0$——空白滴定所用硫代硫酸钠溶液的体积,mL;

　　$\overline{V}$——样品滴定所用硫代硫酸钠溶液的体积,mL;

　　c_2——硫代硫酸钠溶液的浓度,mol/L。

(16) 二氧化硫标准溶液[$\rho(Na_2SO_3)=1.00$μg/mL]:用甲醛吸收液将二氧化硫标准储备溶液稀释成每毫升含 1.0μg 二氧化硫的标准溶液。此溶液用于绘制标准曲线,在 4~5℃下冷藏,可稳定 1 个月。

(17) 盐酸副玫瑰苯胺(pararosaniline,简称 PRA,即副品红或对品红)储备液($\rho=0.2$g/100mL)。其纯度应达到副玫瑰苯胺提纯及检验方法的质量要求。

(18) 副玫瑰苯胺溶液($\rho=0.050$g/100mL):吸取 25.00mL 副玫瑰苯胺储备

液于 100mL 容量瓶中,加 30mL 85％的浓磷酸、12mL 浓盐酸,用水稀释至标线,摇匀,放置过夜后使用。避光密封保存。

（19）盐酸-乙醇清洗液:由三份(1＋4)盐酸和一份 95％乙醇混合配制而成,用于清洗比色管和比色皿。

五、样品采集与保存

（1）短时间采样:采用内装 10mL 吸收液的多孔玻板吸收管,以 0.5L/min 的流量采气 45～60min。吸收液温度保持在 23～29℃。

（2）24h 连续采样:用内装 50mL 吸收液的多孔玻板吸收瓶,以 0.2L/min 的流量连续采样 24h。吸收液温度保持在 23～29℃。

（3）现场空白:将装有吸收液的采样管带到采样现场,除了不采气之外,其他环境条件与样品相同。

注 1:样品采集、运输和储存过程中应避免阳光照射。

注 2:放置在室(亭)内的 24h 连续采样器,进气口应连接符合要求的空气质量集中采样管路系统,以减少二氧化硫进入吸收瓶前的损失。

六、实验步骤

1. 校准曲线的绘制

取 16 支 10mL 具塞比色管,分 A、B 两组,每组 7 支,分别对应编号。A 组按表 2-6 配制校准系列。

表 2-6　二氧化硫校准系列

管号	0	1	2	3	4	5	6
二氧化硫标准溶液Ⅱ/mL	0	0.50	1.00	2.00	5.00	8.00	10.00
甲醛缓冲吸收液/mL	10.00	9.50	9.00	8.00	5.00	200	0
二氧化硫含量/(μg/10mL)	0	0.50	1.00	2.00	5.00	8.00	10.00

在 A 组各管中分别加入 0.5mL 氨磺酸钠溶液和 0.5mL 氢氧化钠溶液,混匀。在 B 组各管中分别加入 1.00mL PRA 溶液。将 A 组各管的溶液迅速地全部倒入对应编号并盛有 PRA 溶液的 B 管中,立即加塞,混匀后放入恒温水浴装置中显色。在波长 577nm 处,用 10mm 比色皿,以水为参比测量吸光度。以空白校正后各管的吸光度为纵坐标,以二氧化硫的质量浓度(μg/10mL)为横坐标,用最小二乘法建立校准曲线的回归方程。显色温度与室温之差不应超过 3℃。根据季节和环境条件按表 2-7 选择合适的显色温度与显色时间。

表 2-7　显色温度与显色时间

显色温度/℃	10	15	20	25	30
显色时间/min	40	25	20	15	5
稳定时间/min	35	25	20	15	10
试剂空白吸光度 A_0	0.030	0.035	0.040	0.050	0.060

2. 样品测定

（1）样品溶液中如有混浊物，则应离心分离除去。

（2）样品放置 20min，以使臭氧分解。

（3）短时间采集的样品：将吸收管中的样品溶液移入 10mL 比色管中，用少量甲醛吸收液洗涤吸收管，洗液并入比色管中并稀释至标线。加入 0.5mL 氨磺酸钠溶液，混匀，放置 10min 以除去氮氧化物的干扰。以下步骤同校准曲线的绘制。

（4）连续 24h 采集的样品：将吸收瓶中样品移入 50mL 容量瓶（或比色管）中，用少量甲醛吸收液洗涤吸收瓶后再倒入容量瓶（或比色管）中，并用吸收液稀释至标线。吸取适当体积的试样（视浓度高低而决定取 2～10mL）于 10mL 比色管中，再用吸收液稀释至标线，加入 0.5mL 氨磺酸钠溶液，混匀，放置 10min 以除去氮氧化物的干扰，以下步骤同校准曲线的绘制。

七、计算

1. 空气中二氧化硫的质量浓度

$$\rho = \frac{A - A_0 - a}{b \times V_s} \times \frac{V_t}{V_a}$$

式中：ρ——空气中二氧化硫的质量浓度，mg/m^3；

　　A——样品溶液的吸光度；

　　A_0——试剂空白溶液的吸光度；

　　b——校准曲线的斜率，吸光度·$10mL/\mu g$；

　　a——校准曲线的截距（一般要求小于 0.005）；

　　V_t——样品溶液的总体积，mL；

　　V_a——测定时所取试样的体积，mL；

　　V_s——换算成标准状态下（101.325kPa，273K）的采样体积，L。

计算结果精确到小数点后三位。

2. 数据的精密度和准确度

精密度：实验室测定浓度为 0.101$\mu g/mL$ 的二氧化硫统一标准样品，重复性相对标准偏差小于 3.5%,再现性相对标准偏差小于 6.2%。实验室测定浓度为 0.515μg/mL 的二氧化硫统一标准样品,重复性相对标准偏差小于 1.4%,再现性相对标准偏差小于 3.8%。

　　准确度:测量 105 个浓度范围为 0.01~1.70μg/mL 的实际样品,加标回收率范围为 96.8%~108.2%。

实验十五　环境空气 PM_{10} 和 $PM_{2.5}$ 的测定——重量法

一、实验目的

了解环境空气 PM_{10} 和 $PM_{2.5}$ 的重量法测定的原理与过程。

二、方法原理

PM_{10} 指悬浮在空气中,空气动力学直径≤10μm 的颗粒物。

$PM_{2.5}$ 指悬浮在空气中,空气动力学直径≤2.5μm 的颗粒物。

重量法是通过具有一定切割特性的采样器,以恒速抽取定量体积空气,使环境空气中 $PM_{2.5}$ 和 PM_{10} 被截留在已知质量的滤膜上,根据采样前后滤膜的质量差和采样体积,计算出 $PM_{2.5}$ 和 PM_{10} 浓度。本方法的检出限为 0.010mg/m(以感量为 0.01mg 的分析天平,样品负载量为 1.0mg,采集 108m³ 空气样品计)。

参考标准:《PM_{10} 采样器技术要求及检测方法》(HJ/T 93—2003);

《环境空气质量手工监测技术规范》(HJ/T 194—2005)。

三、仪器

(1)切割器。

PM_{10} 切割器、采样系统:切割粒径 D_{a50}=(10±0.5)μm;捕集效率的几何标准差为 σ_g=(1.5±0.1)μm。其他性能和技术指标应符合 HJ/T 93—2003 的规定。

$PM_{2.5}$ 切割器、采样系统:切割粒径 D_{a50}=(2.5±0.2)μm;捕集效率的几何标准差为 σ_g=(1.2±0.1)μm。其他性能和技术指标应符合 HJ/T 93—2003 的规定。

(2)采样器孔口流量计或其他符合本标准技术指标要求的流量计。

大流量流量计:量程 0.8~1.4m³/min;误差≤2%。

中流量流量计:量程 60~125L/min;误差≤2%。

小流量流量计:量程<30L/min;误差≤2%。

(3)滤膜:根据样品采集目的可选用玻璃纤维滤膜、石英滤膜等无机滤膜或聚氯乙烯、聚丙烯、混合纤维素等有机滤膜。滤膜对 0.3μm 标准粒子的截留效率不低于 99%。空白滤膜按进行平衡处理至恒量,称量后,放入干燥器中备用。

(4)分析天平:感量 0.1mg 或 0.01mg。

(5)恒温恒湿箱(室):箱(室)内空气温度在 15~30℃ 范围可调,控温精度±1℃。箱(室)内空气相对湿度应控制在(50±5)%。恒温恒湿箱(室)可连续工作。

(6)干燥器:内盛变色硅胶。

四、样品采集与保存

1. 样品采集

（1）环境空气监测中采样环境及采样频率的要求，按 HJ/T 194—2005 的要求执行。采样时，采样器入口距地面高度不得低于 1.5m。采样不宜在风速大于 8m/s 等天气条件下进行。采样点应避开污染源及障碍物。如果测定交通枢纽处 PM_{10} 和 $PM_{2.5}$，采样点应布置在距人行道边缘外侧 1m 处。

（2）采用间断采样方式测定日平均浓度时，其次数不应少于 4 次，累积采样时间不应少于 18h。

（3）采样时，将已称量的滤膜用镊子放入洁净采样夹内的滤网上，滤膜毛面应朝进气方向。将滤膜牢固压紧至不漏气。如果测定任何一次浓度，每次需更换滤膜；如测日平均值，滤膜可连续使用，并做好采样记录。

2. 样品保存

滤膜采集后，如不能立即称量，应在 4℃条件下冷藏保存。

五、实验步骤

将滤膜放在恒温恒湿箱（室）中平衡 24h，平衡条件为：温度取 15～30℃中任何一点，相对湿度控制在 45％～55％，记录平衡温度与湿度。在上述平衡条件下，用感量为 0.1mg 或 0.01mg 的分析天平称量滤膜，记录滤膜质量。同一滤膜在恒温恒湿箱（室）中相同条件下再平衡 1h 后称量。对于 PM_{10} 和 $PM_{2.5}$ 颗粒物样品滤膜，两次质量之差分别小于 0.4mg 或 0.04mg 为满足恒量要求。

六、计算

1. 结果计算

$PM_{2.5}$ 和 PM_{10} 浓度按下式计算：

$$\rho = \frac{w_2 - w_1}{V} \times 1000$$

式中：ρ——PM_{10} 或 $PM_{2.5}$ 浓度，mg/m^3；

w_2——采样后滤膜的质量，g；

w_1——空白滤膜的质量，g；

V——已换算成标准状态（101.325kPa，273K）下的采样体积，m^3。

2. 结果表示

计算结果保留 3 位有效数字；小数点后数字可保留到第 3 位。

七、质量控制与质量保证

（1）采样器每次使用前需进行流量校准。

（2）滤膜使用前均需进行检查，不得有针孔或任何缺陷。滤膜称量时要消除静电的影响。

（3）取清洁滤膜若干张，在恒温恒湿箱（室），按平衡条件平衡 24h，称量。每张滤膜非连续称量 10 次以上，则每张滤膜的平均值为该张滤膜的原始质量。以上述滤膜作为"标准滤膜"。每次称滤膜的同时，称量两张"标准滤膜"。若标准滤膜称出的质量在原始质量±5mg（大流量），或±0.5mg（中流量和小流量）范围内，则认为该批样品滤膜称量合格，数据可用。否则应检查称量条件是否符合要求并重新称量该批样品滤膜。

（4）要经常检查采样头是否漏气。当滤膜安放正确，采样系统无漏气时，采样后滤膜上颗粒物与四周白边之间界限应清晰，如出现界线模糊时，则表明应更换滤膜密封垫。

（5）对电机有电刷的采样器，应尽可能在电机由于电刷原因停止工作前更换电刷，以免使采样失败。更换时间视以往情况确定。更换电刷后要重新校准流量。新更换电刷的采样器应在负载条件下运转 1h，待电刷与转子的整流子良好接触后，再进行流量校准。

（6）当 PM_{10} 或 $PM_{2.5}$ 含量很低时，采样时间不能过短。对于感量为 0.1mg 和 0.01mg 的分析天平，滤膜上颗粒物负载量应分别大于 1mg 和 0.1mg，以减少称量误差。

（7）采样前后，滤膜称量应使用同一台分析天平。

附录　采样器流量校准方法

新购置或维修后的采样器在启用前应进行流量校准。正常使用的采样器每月需进行一次流量校准。采用传统孔口流量计和智能流量校准器的操作步骤分别如下：

1. 孔口流量计

（1）从气压计、温度计分别读取环境大气压和环境温度。

（2）将采样器采气流量换算成标准状态下的流量，计算公式如下：

$$Q_n = Q \times \frac{P_1 \times T_n}{P_n \times T_1}$$

式中：Q_n——标准状态下的采样器流量，m^3/min；

　　　Q——采样器采气流量，m^3/min；

P_1——流量校准时环境大气压力,kPa;

P_n——标准状态下的大气压力,101.325kPa;

T_n——标准状态下的绝对温度,273K;

T_1——流量校准时环境温度,K。

(3) 将计算的标准状态下流量 Q_n 代入下式,求出修正项 y:

$$y = b \times Q_n + a$$

式中:斜率 b 和截距 a 由孔口流量计的标定部门给出。

(4) 计算孔口流量计压差值 $\Delta H(Pa)$:

$$\Delta H = \frac{y^2 \times P_n \times T_1}{P_1 \times T_n}$$

(5) 打开采样头的采样盖,按正常采样位置,放一张干净的采样滤膜,将大流量孔口流量计的孔口与采样头密封连接。孔口的取压口接好 U 形压差计。

(6) 接通电源,开启采样器,待工作正常后,调节采样器流量,使孔口流量计压差值达到计算的 ΔH,并填写下面的记录表格。

校准日期	采样器编号	采样器采气流量①Q	孔口流量计编号	环境温度 T_1/K	环境大气压 P_1/kPa	孔口压差计算值 ΔH/Pa	校准人

①大流量采样器流量单位为 m^3/min,中、小流量采样器流量单位为 L/min。

2. 智能流量校准器

工作原理:孔口取压嘴处的压力经硅胶管连至校准器取压嘴,传递给微压差传感器。微压差传感器输出压力电信号,经放大处理后由 A/D 转换器将模拟电压转换为数字信号。经单片机计算处理后,显示流量值。

操作步骤:

(1) 从气压计、温度计分别读取环境大气压和环境温度。

(2) 将智能孔口流量校准器接好电源,开机后进入设置菜单,输入环境温度和压力值(温度值单位是热力学温度,即温度=环境温度+273;大气压值单位为 kPa),确认后退出。

(3) 选择合适流量范围的工作模式,距仪器开机超过 2min 后方可进入测量菜单。

(4) 打开采样器的采样盖,按正常采样位置,放一张干净的采样滤膜,将智能流量校准器的孔口与采样头密封连接,待液晶屏右上角出现电池符号后,将仪器的取压嘴和孔口取压嘴相连,按测量键,液晶屏将显示工况瞬时流量和标况瞬时流量。显示 10 次后结束测量模式,仪器显示此段时间内的平均值。

（5）调整采样器流量至设定值。

采用上述两种方法校准流量时,要确保气路密封连接。流量校准后,如发现滤膜上尘的边缘轮廓不清晰或滤膜安装歪斜等情况,表明可能造成漏气,应重新进行校准。校准合格的采样器,即可用于采样,不得再改动调节器状态。

实验十六　固体废物的水分、有机质、养分测定

一、实验目的

了解固体废物的水分、有机质、养分相关的测定原理。

二、实验原理

（1）水分：燃烧失重法，利用酒精燃烧产生的高温，蒸发土壤中的水分，通过失水量计算土壤中的水分。

（2）有机质：通过硫酸-重铬酸钾与水稀释热氧化土壤中的有机质后生成的三价铬离子的量的颜色进行比色测试。

（3）有效氮、磷、钾养分：应用联合浸提剂提取土壤中的有效氮、磷、钾后，氮应用靛酚蓝比色法、磷用钼锑抗比色法、钾用四苯硼钾比浊法进行测定。

中性、石灰性土联合浸提剂（北方）的各试剂作用如下：

H_2O 主要浸提氨态氮；Na_2SO_4 主要浸提硝态氮；NaAc 主要浸提速效钾；$NaHCO_3$ 主要浸提速效磷。

酸性土联合浸提剂（南方）的各试剂作用如下：

H_2O 主要浸提氨态氮；NaF 主要浸提速效磷；Na_2SO_4 主要浸提硝态氮；EDTA主要浸提钾及微量元素；NaAc 主要浸提速效钾。

三、实验步骤

1. 水分测定

（1）烧前铝盒重 w_1。

（2）样品（约 5g）＋铝盒重 w_2。

（3）加 5～10mL 酒精灼烧，待熄灭后再加 5mL 酒精灼烧，熄灭后样品＋铝盒重 w_3。

（4）计算公式：

$$水分（\%）=（w_2-w_3）\div（w_3-w_1）\times100\%$$

2. pH 测定

25g 样品＋25mL 水，搅拌，静置半小时后用 pH 试纸测定。

3. 有机质测定

（1）空白液制备：吸取水 3mL、重铬酸钾溶液 10mL、浓硫酸 10mL 置于

100mL 三角瓶中,摇动半分钟后,25℃以上静置 20min,再加水 25mL,吸取 10mL 于另一三角瓶中,加入缓氧化剂 2.5mL,摇匀备用。

(2) 标准液制备:吸取 0.5％的碳标准溶液 3mL,其余同空白液制备。

(3) 待测液制备:称取土壤 1g 加入三角瓶后加水 3mL,其余同空白液制备,最后过滤。

(4) 比色。

① 选择滤光片数值为 4,置空白液与光路中,依次按"比色"键,功能切换至 1,调整显示至 100％。

② 按"比色"键,功能号切换至 3,置标准液于光路中,按调整键使液晶显示值为 26。

③ 置待测液于光路中,此时显示的读数即为有机质含量(‰)。

4. 速效养分的测定

(1) 速效养分待测液的制备:称取土壤 2.5g 置于 100mL 三角瓶中,加入土壤浸提剂 25mL,振荡 5min,过滤于三角瓶中。

(2) 速效磷的测定:分别吸取浸提剂 1mL、土壤标准液 1mL、土壤待测液 1mL 于三个小玻璃瓶中,再各加入 2mL 水,然后依次加入土壤速效磷掩蔽剂 5 滴,土壤速效磷显色剂 5 滴,土壤速效磷还原剂 1 滴,摇匀,10min 后转移到比色皿中测定。

① 空白液滤光片选择 6,功能切换至 1,调整显示至 100％。

② 标准液功能切换至 3,调整显示至 24。

③ 测定待测液,仪器显示值即为速效磷含量(mg/kg)。

(3) 速效钾的测定:分别吸取浸提剂 2mL、标准液 2mL、待测液 2mL 于三个小玻璃瓶中,依次加入土壤速效钾掩蔽剂 2 滴,土壤速效钾助掩蔽剂 6 滴,土壤速效钾浊度剂 4 滴,摇匀,立刻转移到比色皿中测定。

① 空白液滤光片选择 6,功能切换至 1,调整显示至 100％。

② 标准液功能切换至 3,调整显示至 140。

③ 测定待测液,仪器显示值即为速效钾含量(mg/kg)。

5. 试剂配制

(1) 土壤浸提剂的配制:取北方土壤浸提剂一袋,溶解后定容至 500mL。

(2) 重铬酸钾溶液的配制:取重铬酸钾 8g,溶解后定容至 100mL。

(3) 0.5％碳标准溶液的配制:取葡萄糖粉一袋,加水 40mL,浓硫酸 10mL,定容至 100mL。

(4) 土壤混合标准液的配制:吸取土壤混合标准液(储备液)1mL,用土壤浸提剂稀释至 100mL。

（5）有机质缓氧化剂的配制：取有机质缓氧化剂 10g，加水 10mL，搅拌使之溶解，冷却后取上层清液。随用随配。

四、M3 测定法

1. 基本原理

有效磷、钾、钙、镁、铁、锰、铜、锌、硼：联合浸提剂中的 0.2mol/L HAc-0.25mol/L NH_4NO_3 形成了 pH2.5 的强缓冲体系，并可浸提出交换型 K、Ca、Mg、Na、Mn、Zn 等阳离子；0.015mol/L NH_4F-0.013mol/L HNO_3 可调控 P 从 Ca、Al、Fe 无机磷源中的解吸；0.001mol/L EDTA 可浸出螯合态 Cu、Zn、Mn、Fe 等。因此 M3 测定法一次浸提，可提取土壤中的有效磷、钾、钙、镁、铁、锰、铜、锌、硼等多种养分。提取出的磷用钼锑抗比色法测定，钾、钙、镁、铁、锰、铜、锌用原子吸收分光光度法测定，硼用姜黄素比色法测定，有效氮包括氨态氮和硝态氮，用 2mol/L KCl 提取，提取的氨态氮用靛酚蓝比色法测定，硝态氮用紫外分光光度计在波长 210nm 处直接测定。

2. 操作方法

1）有效磷、钾测定

（1）浸提：量取 2.50mL 风干土壤（过 2mm 尼龙筛）于塑料杯中，加入 25.0mL MehlIch3 浸提剂，在搅拌器上搅拌 5min。过滤，收集滤液于 50.0mL 塑料瓶中。整个浸提过程应在恒温条件下进行，温度控制在（25±1）℃。

（2）定量：测磷时，准确吸取 2.00～10.00mL 土壤浸出液（依肥力水平而异）于 50mL 容量瓶中，加水至约 30mL，加入 5.00mL 钼锑试剂显色，定容摇匀。显色 30min 后，在 880nm 处比色。如冬季气温较低时，注意保持显色时温度在 15℃以上，最好在恒温室内显色，以加快显色速度。测定的同时做空白校正。

工作曲线：准确吸取 5mg/L 磷标准溶液 0mL、1.00mL、2.00mL、4.00mL、6.00mL、8.00mL，分别放入 50mL 容量瓶中，加水至约 30mL，加入 5.00mL 钼锑试剂显色，定容摇匀。显色 30min 后，在 880nm 处比色。

测钾时，直接用 M3 浸出液在原子吸收分光光度计测定。工作曲线：准确吸取 100mg/L 钾标准储备液 0mL、1mL、2.5mL、5mL、10mL、15mL、20mL，分别放入 50mL 容量瓶中，用 MehlIch3 浸提剂定容，摇匀，即得 0mg/L、2mg/L、5mg/L、10mg/L、20mg/L、30mg/L、40mg/L 钾标准系列溶液。

2）有效氮的测定

（1）浸提：于塑料杯中，加入 50.0mL 2mol/L KCl 浸提剂，在搅拌器上搅拌 5min。然后干过滤，收集滤液于 50mL 塑料瓶中。

（2）定量：测氨态氮时，取 3mL 滤液，加入 4mL 碱性苯酚溶液于样品杯中，再加入 10mL 次氯酸钠溶液,放置 3min 后,用分光光度计在 630nm 处比色测定。同时做空白校正。

工作曲线:准确吸取 1000mg/L NH$_4$-N 标准溶液 0mL、0.5mL、1.0mL、2.0mL、4.0mL,分别置于 100mL 容量瓶中,定容摇匀。

测硝态氮时,吸取 10mL 滤液,分别在 210nm 和 275nm 处测读吸光度。A210 是 NO$_3$—和以有机质为主的杂质的吸光度;A275 是有机质的吸光度,因为 NO$_3$—在 275nm 处已无吸收。但有机质在 275nm 处的吸光度比在 210nm 处的吸光度要小 R 倍,故将 A275 校正为有机质在 210nm 处应有的吸光度后,从 A210 中减去,即得 NO$_3$—在 210nm 处的吸光度(ΔA)。不同地区有不同的 R 值,一般取 3.6。

实验十七　环境噪声监测

一、实验目的

环境噪声与人们的生活密切相关,它影响人们的工作、学习和休息。城市各类区域环境噪声标准值共分为 5 级(0、1、2、3、4 级),分别为:昼间 50dB、55dB、60dB、65dB、70dB;夜间 40dB、45dB、50dB、55dB、65dB,具体适合的区域类型参见相关资料。本实验要求掌握声级计的使用方法和环境噪声的监测方法,并能用统计方法处理数据。

二、仪器与测量条件

(1) 使用仪器是 PSJ-2 型声级计或其他普通声级计,使用方法参看本实验附录。

(2) 天气条件要求无雨、无雪,声级计应保持传声器膜片清洁,风力在三级以上时必须加风罩(以避免风噪声干扰),五级以上大风时应停止测量。

(3) 手持仪器测量,传声器要求距离地面 1.2m。

三、实验步骤

(1) 将学校(或某一地区)划分为 25m×25m 的网格,测量点选在每个网格的中心,若中心点的位置不宜测量,可移到旁边能够测量的位置。

(2) 每组三人配置一台声级计,按顺序到各网点测量,时间从 8:00～17:00,每一网格至少测量 4 次,时间间隔尽可能相同。

(3) 读数方式用慢挡,每隔 5s 读一个瞬时 A 声级,连续读取 200 个数据。读数同时要判断和记录附近主要噪声来源(如交通噪声、施工噪声、工厂或车间噪声、锅炉噪声等)和天气条件。

四、数据处理

环境噪声是随时间而起伏的无规律噪声,因此测量结果一般用统计值或等效声级来表示,本实验用等效声级表示。将各网点每一次的测量数据(200 个),顺序排列找出 L_{10}、L_{50}、L_{90},求出等效声级 L_{eq},计算该网点一整天的各次 L_{eq} 值的算术平均值作为该网点的环境噪声评价量。以 5dB 为一等级,用不同颜色或阴影线(表 2-8)绘制学校(或某一地区)噪声污染图。

表 2-8　噪声污染图绘制参照表

噪声带/dB	颜色	阴影线
35	浅绿色	小点,低密度
36～40	绿色	中点,中密度
41～45	深绿色	大点,高密度
46～50	黄色	垂直线,低密度
51～55	褐色	垂直线,中密度
56～60	橙色	垂直线,高密度
61～65	朱红色	交叉线,低密度
66～70	洋红色	交叉线,小密度
71～75	紫红色	交叉线,高密度
76～80	蓝色	宽条垂直线
81～85	深蓝色	全黑

附录　PSJ-2 型声级计使用方法

（1）按下电源按键"ON",接通电源,预热半分钟,使整机进入稳定的工作状态。

（2）电池校准：分贝拨盘可在任意位置,按下电池"BAT"键,当表针指示超过表面所标的"BAT"刻度时,表示机内电池电能充足,整机可正常工作,否则需要更换电池。

（3）整机灵敏度校难：先将分贝拨盘于 90dB 位置,然后按下准"CAT"和"A"（或"C"）键,这时指针应有指示,用起子放入灵敏校正孔进行调节,使表针指在"CAL"刻度上,此时整机灵敏度正常,可进行测量。

（4）分贝拨盘的使用与读数法：转动分贝拨盘选择测量量程,读数时应将量程数加上表针指示数,如当分贝拨盘选择在 90 挡,而表针指示在 4dB 时,则实际读数为 90＋4＝94(dB);若表针指示为－5dB 时,则读数府为 90－5＝85(dB)。

（5）"＋10dB"按钮的使用：在测试中有瞬时大讯号出现时,为了能快速正确地进行读数,可按下"110dB"按钮,此时应按分贝拨盘和表针指示的读数再加上 10dB 作读数。如再按下"＋10dB"按钮后,表针指示仍超过满度,则应将分贝拨盘转动至更高一挡再进行读数。

（6）表面刻度：有 0.5dB 与 1dB 两种分度刻度。0 刻度以上指示为正值,长刻度为 1dB 的分度;短刻度为 0.5dB 的分度。0 刻度以下为负值,长刻度为 5dB 的分度,短刻度为 1dB 的分度。

（7）计权网络：本机的计权网络有 A、C 两挡,当按下 A 或 C 时,则表示测量的计权网络为 A 或 C,当不按按键时,整机不反应测试结果。

（8）表头阻尼开关:当开关处于"F"位置时,表示表头为"快"的阻尼状态;当开关在"S"位置时,表示表头为"慢"的阻尼状态。

（9）输出插口:可将测出的电信号送至示波器、记录仪等仪器。

五、思考题

（1）为什么噪声测量时传声器要对准声源方向?

（2）声级计由哪几部分构成?

实验十八　土壤中重金属的测定

一、实验目的

（1）了解原子吸收分光光度法的原理。

（2）学习土壤样品的消化方法。

（3）掌握原子吸收分光光度计的使用方法。

二、实验原理

火焰原子吸收分光光度法是根据某元素的基态原子对该元素的特征谱线产生选择性吸收来进行测定的分析方法。将试样喷入火焰，被测元素的化合物在火焰中离解形成原子蒸气，由锐线光源（空心阴极灯）发射的某元素的特征谱线光辐射通过原子蒸气层时，该元素的基态原子对特征谱线产生选择性吸收。在一定条件下特征谱线光强的变化与试样中被测元素的浓度成正比。通过对自由基态原子对选用吸收线吸光度的测量，确定试样中该元素的浓度。

湿法消化是使用具有强氧化性酸（如 HNO_3、H_2SO_4、$HClO_4$ 等）与有机化合物溶液共沸，使有机化合物分解除去。干法灰化是在高温下灰化、灼烧，使有机物质被空气中氧所氧化而破坏。本实验采用湿法消化测定土壤中的有机物质。

三、仪器

原子吸收分光光度计；铜和锌空心阴极灯。

四、试剂

（1）锌标准溶液：准确称取 0.1000g 金属锌（99.9%），用 20mL 1∶1 盐酸溶解，移入 1000mL 容量瓶中，用去离子水稀释至标线，此液含锌量为 100mg/L。

（2）铜标准溶液：准确称取 0.1000g 金属铜（99.8%），溶于 15mL 1∶1 硝酸中，移入 1000mL 容量瓶中，用去离子水稀释至标线，此液含铜量为 100mg/L。

五、实验步骤

1. 标准曲线的绘制

取 6 个 25mL 容量瓶，分别加入 5 滴 1∶1 盐酸，依次加入 0.0mL、1.00mL、2.00mL、3.00mL、4.00mL、5.00mL 的浓度为 10mg/L 铜标准溶液和 0.00mL、0.10mL、0.20mL、0.40mL、0.60mL、0.80mL 的浓度为 100mg/L 的锌标准溶液，用去离子水稀释至标线，摇匀，配成含 0.00mg/L、0.40mg/L、0.80mg/L、1.20mg/L、1.60mg/L、2.00mg/L 铜标准系列和 0.00mg/L、0.40mg/L、

0.80mg/L、1.60mg/L、2.40mg/L、3.20mg/L 的锌标准系列,然后分别在 324.7nm 和 213.9nm 处测定吸光度,绘制标准曲线。

2. 样品的测定

(1) 土壤样品的消化:准确称取 1.00g 土样于 100mL 烧杯中(2 份),用少量去离子水润湿,缓慢加入 5mL 王水(硝酸∶盐酸=1∶3),盖上表面皿。同时做 1 份实验空白,把烧杯放在通风橱内的电炉上加热,开始低温,慢慢提高温度,并保持微沸状态,使其充分分解,注意消化温度不易过高,防止样品外溅,当激烈反应完毕,大部分有机物分解后,取下烧杯冷却,沿烧杯壁加入 2~4mL 高氯酸,继续加热分解直至冒白烟,样品变为灰白色,揭去表面皿,赶出过量的高氯酸,把样品蒸至近干,取下冷却,加入 5mL 1%的稀硝酸溶液加热,冷却后用中速定量滤纸过滤至 25mL 容量瓶中,滤渣用 1%稀硝酸洗涤,最后定容,摇匀待测。

(2) 测定:将消化液在与标准系列相同的条件下,直接喷入空气-乙炔火焰中,测定吸收值。

六、计算

所测得的吸收值(如试剂空白有吸收,则应扣除空白吸收值)在标准曲线上得到应该的浓度 M(mg/mL),则试样中:

$$铜或锌的含量(\mathrm{mg/mL})=\frac{M\times V}{m}\times 100$$

式中:M——标准曲线上得到的相应浓度,mg/mL;

　　　V——定容体积,mL;

　　　m——试样质量,g。

七、注意事项

(1) 细心控制温度,升温过快反应物溢出或炭化。

(2) 土壤消化物若不呈灰白色,应补加少量高氯酸,继续消化。由于高氯酸对空白影响大,要控制用量。

(3) 高氯酸具有氧化性,应待土壤中大部分有机物消解完,并冷却后再加入,或在常温下,有大量硝酸存在下加入,否则会使杯中样品溅出或爆炸,使用时务必小心。

(4) 若高氯酸氧化作用进行得过快,有爆炸可能时,应迅速冷却或用冷却稀释,即可停止高氯酸氧化作用。

原子吸收测量条件：

元素	Cu	Zn
λ/nm	324.8	213.9
I/mA	2	4
光谱通带(A)	2.5	2.1
增益	2	4
燃气	乙炔	乙炔
助气	空气	空气
火焰	氧化	氧化

八、思考题

（1）试分析原子吸收分光光度法测定土壤中金属元素的误差来源可能有哪些。

（2）还可以使用哪些方法测定重金属？

实验十九 原子吸收分光光度法测定茶叶样品中铜的含量

一、实验目的

(1) 了解原子吸收分光光度法的原理。
(2) 掌握植物样品的消化方法。
(3) 掌握原子吸收分光光度计的使用方法。

二、实验原理

在使用锐线光源条件下,基态原子蒸气对共振线的吸收符合朗伯-比尔定律,即

$$A = \lg(I_0/I) = KLN_0$$

在试样原子化时,火焰温度低于 3000 K 时,对大多数元素来讲,原子蒸气中基态原子的数目实际上十分接近原子总数。在一定实验条件下,待测元素的原子总数目与该元素在试样中的浓度呈正比:

$$A = \kappa c$$

用 A-c 标准曲线法,可以求算出元素的含量。本实验采用湿法消化茶叶中的有机质。

三、仪器

原子吸收分光光度计;铜空心阴极灯。

四、实验步骤

(1) 铜标准储备液:准确称取 0.0100g 金属铜(99.8%)溶于 15mL 1∶1 硝酸中,移入 100mL 容量瓶中,用去离子水稀释至标线,此液含铜量为 100mg/L。

(2) 铜标准使用液:准确移取 10.00mL 铜标准储备液于 100mL 容量瓶中,用蒸馏水定容于 100mL,此液含铜量为 10mg/L。

(3) 标准曲线的绘制:取 6 个 25mL 容量瓶,分别加入 5 滴 1∶1 盐酸,依次加入 0.00mL、1.00mL、2.00mL、3.00mL、4.00mL、5.00mL 的浓度为 10mg/L 的铜标准液,用去离子水稀释至标线,摇匀,配成含 0.00mg/L、0.40mg/L、0.80mg/L、1.20mg/L、1.60mg/L、2.00mg/L 铜标准系列,然后分别在 324.7nm 处测定吸光度,绘制标准曲线。

（4）样品的测定。

① 茶叶样品的消化：准确称取 1.000g 已处理好的茶叶试样于 100mL 烧杯中（3 份），用少许去离子水润湿，加入混合酸 10mL（硝酸∶高氯酸＝5∶1）。同时做一份试剂空白，待激烈反应结束后，移到由变压器控制的电炉上，微热至反应物颜色变浅，用少量去离子水冲洗烧杯内壁，盖上表面皿，逐步提高温度，在消化过程中，如有炭化现象可再加入少许混合酸继续消化，直至试样变白，揭去表面皿，加热近干，取下冷却，加入少量去离子水，加热，冷却后用中速定量滤纸过滤到 25mL 容量瓶中，再用去离子水稀释至标线，摇匀待测。

② 测定：将消化液在标准系列相同的条件下，直接喷入空气-乙炔火焰中，测定吸收值。

五、计算

所测得的吸收值（如试剂空白有吸收，则应扣除空白吸收值）在标准曲线上得到相应的浓度 M（mg/mL），则试样中：

$$铜或锌的含量（mg/kg）＝M×V×1000/m$$

式中：M——标准曲线上得到的相应浓度，mg/mL；

V——定容体积，mL；

m——试样质量，g。

六、注意事项

（1）细心控制温度，升温过快反应物溢出或炭化。

（2）茶叶消化物若不呈灰白色，应补加少量高氯酸，继续消化。由于高氯酸对空白影响大，要控制用量。

（3）高氯酸具有氧化性，应待茶叶中大部分有机质消解完，冷却后再加入，或者在常温下，有大量硝酸存在下加入，否则会使杯中样品溅出或爆炸，使用时务必小心。

（4）若高氯酸氧化作用进行得过快，有爆炸可能时，应迅速冷却或用冷水稀释，即可停止高氯酸氧化作用。

第三部分 综合型和研究设计型实验

实验一 湖水或河水水质监测(综合型实验)

必测 DO、高锰酸盐指数、pH、氨氮,至少选测 2 个以上指标,多则不限。提出实验监测方案、监测方法。
(1) 提交实验监测方案、监测方法。
(2) 准备采样仪器,现场采样,现场分析及存备样。
(3) 实验室分析。
(4) 结果数据分析与处理。
(5) 水质评价报告。

实验二 工业废水监测(综合型实验)

必测 COD、pH、悬浮物及污染特征性指标;至少选测 2 个以上指标,多则不限。
(1) 准备采样仪器,现场采样,现场分析及存备样。
(2) 实验室分析。
(3) 结果数据分析与处理。
(4) 水质排放对标分析。

实验三 环境空气质量监测(综合型实验)

小组合作完成 SO_2、NO_x 和 $TSP(PM_{10}$、$PM_{2.5})$ 的采样与测定,并计算 API、评价校园环境空气质量。
(1) 提交实验监测方案、监测方法。
(2) 准备采样仪器,现场采样,现场分析及存备样。
(3) 实验室仪器准备与校准,实验室分析。
(4) 结果数据分析与处理。
(5) 空气质量评价报告。

实验四　生物或土壤污染监测(设计型实验)

实验内容包括样品的制备、预处理、分析测试(选择 2 种金属离子)、数据处理、数据分析等。

(1) 提交预处理、实验监测方案、监测方法。

(2) 准备采样仪器,现场采样,存备样。

(3) 实验室预处理、分析。

(4) 结果数据分析与处理。

(5) 结果报告。

实验五　环境噪声监测(设计型实验)

(1) 提交校园内及周边环境噪声监测方案、监测方法。

(2) 现场噪声监测仪器校准。

(3) 现场记录与结果分析。

(4) 结果数据分析与处理。

(5) 环境噪声评价报告。

实验六　室内环境质量监测与评价(设计型实验)

一、设计思路及实验目的

(1) 根据室内实际情况,按照布点采样原则,选择适宜方法进行布点,确定采样频率及采样时间,掌握测定空气中 SO_2、NO_x 和 TSP 的采样和监测方法。

(2) 根据三项污染物监测结果,计算空气污染指数(API),描述室内空气质量状况。

(3) 在综合实验报告终详细拟出实验方案、操作步骤,分析影响监测确定度的因素及其控制方法。

二、涉及的内容或知识点

本综合实验涉及的内容包括:

(1) 大气监测选点原则和布点方法。

(2) 大气主要污染物 SO_2、NO_x 和 TSP 的样品采集和监测方法。

(3) 监测方案的制订。

(4) API 指数的概念、计算方法。

（5）环境空气质量的评价方法。

（6）监测数据综合分析。

三、采用的方法和手段

本实验采取现场采样和实验室分析的方法，需要学生掌握从样品采集到监测分析全过程的实验方法和手段。

四、考察点

（1）实验方案设计和制定的水平。

（2）动手采样和分析测试的能力。

（3）对监测结果的综合分析能力。

实验七 学生创新实验（选做）

学生提出方案、老师审核通过后可进行实验，对开展创新型实验项目的学生，酌情加分。可供选择：污水处理活性污泥的培养与驯化及处理效果测定；水体多参数指标的测定与富营养化的评价；土壤重金属测定。

第四部分　附　　录

附录一　地表水环境质量标准(GB 3838—2002)

1. 范围

1.1　本标准按照地表水环境功能分类和保护目标,规定了水环境质量应控制的项目及限值,以及水质评价、水质项目的分析方法和标准的实施与监督。

1.2　本标准适用于中华人民共和国领域内江河、湖泊、运河、渠道、水库等具有使用功能的地表水水域。具有特定功能的水域,执行相应的专业用水水质标准。

2. 引用标准

《生活饮用水卫生规范》(卫生部,2001年)和本标准表4~表6所列分析方法标准及规范中所含条文在本标准中被引用即构成为本标准条文,与本标准同效。当上述标准和规范被修订时,应使用其最新版本。

3. 水域功能和标准分类

依据地表水水域环境功能和保护目标,按功能高低依次划分为五类:

Ⅰ类　主要适用于源头水、国家自然保护区;

Ⅱ类　主要适用于集中式生活饮用水地表水源地一级保护区、珍稀水生生物栖息地、鱼虾类产卵场、仔稚幼鱼的索饵场等;

Ⅲ类　主要适用于集中式生活饮用水地表水源地二级保护区、鱼虾类越冬场、洄游通道、水产养殖区等渔业水域及游泳区;

Ⅳ类　主要适用于一般工业用水区及人体非直接接触的娱乐用水区;

Ⅴ类　主要适用于农业用水区及一般景观要求水域。

对应地表水上述五类水域功能,将地表水环境质量标准基本项目标准值分为五类,不同功能类别分别执行相应类别的标准值。水域功能类别高的标准值严于水域功能类别低的标准值。同一水域兼有多类使用功能的,执行最高功能类别对应的标准值。实现水域功能与达功能类别标准为同一含义。

4. 标准值

4.1　地表水环境质量标准基本项目标准限值见表 1。
4.2　集中式生活饮用水地表水源地补充项目标准限值见表 2。
4.3　集中式生活饮用水地表水源地特定项目标准限值见表 3。

5. 水质评价

5.1　地表水环境质量评价应根据应实现的水域功能类别,选取相应类别标准,进行单因子评价,评价结果应说明水质达标情况,超标的应说明超标项目和超标倍数。
5.2　丰、平、枯水期特征明显的水域,应分水期进行水质评价。
5.3　集中式生活饮用水地表水源地水质评价的项目应包括表 1 中的基本项目、表 2 中的补充项目以及由县级以上人民政府环境保护行政主管部门从表中选择确定的特定项目。

6. 水质监测

6.1　本标准规定的项目标准值,要求水样采集后自然沉降 30 分钟,取上层非沉降部分按规定方法进行分析。
6.2　地表水水质监测的采样布点、监测频率应符合国家地表水环境监测技术规范的要求。
6.3　本标准水质项目的分析方法应优先选用表 4～表 6 规定的方法,也可采用 ISO 方法体系等其他等效分析方法,但须进行适用性检验。

7. 标准的实施与监督

7.1　本标准由县级以上人民政府环境保护行政主管部门及相关部门按职责分工监督实施。
7.2　集中式生活饮用水地表水源地水质超标项目经自来水厂净化处理后,必须达到《生活饮用水卫生规范》的要求。
7.3　省、自治区、直辖市人民政府可以对本标准中未作规定的项目,制定地方补充标准,并报国务院环境保护行政主管部门备案。

表 1　地表水环境质量标准基本项目标准限值　　　　单位：mg/L

序号	标准值 项目	分类	Ⅰ类	Ⅱ类	Ⅲ类	Ⅳ类	Ⅴ类
1	水温（℃）		人为造成的环境水温变化应限制在：周平均最大温升≤1　周平均最大温降≤2				
2	pH 值（无量纲）		6～9				
3	溶解氧	≥	饱和率90％（或 7.5）	6	5	3	2
4	高锰酸盐指数	≤	2	4	6	10	15
5	化学需氧量（COD）	≤	15	15	20	30	40
6	五日生化需氧量（BOD_5）	≤	3	3	4	6	10
7	氨氮（NH_3-N）	≤	0.15	0.5	1.0	1.5	2.0
8	总磷（以 P 计）	≤	0.02（湖、库 0.01）	0.1（湖、库 0.025）	0.2（湖、库 0.05）	0.3（湖、库 0.1）	0.4（湖、库 0.2）
9	总氮（湖、库、以 N 计）	≤	0.2	0.5	1.0	1.5	2.0
10	铜	≤	0.01	1.0	1.0	1.0	1.0
11	锌	≤	0.05	1.0	1.0	2.0	2.0
12	氟化物（以 F 计）	≤	1.0	1.0	1.0	1.5	1.5
13	硒	≤	0.01	0.01	0.01	0.02	0.02
14	砷	≤	0.05	0.05	0.05	0.1	0.1
15	汞	≤	0.00005	0.00005	0.0001	0.001	0.001
16	镉	≤	0.001	0.005	0.005	0.005	0.01
17	铬（六价）	≤	0.01	0.05	0.05	0.05	0.1
18	铅	≤	0.01	0.05	0.05	0.05	0.1
19	氰化物	≤	0.005	0.05	0.02	0.2	0.2
20	挥发酚	≤	0.002	0.002	0.005	0.01	0.1
21	石油类	≤	0.05	0.05	0.05	0.5	1.0
22	阴离子表面活性剂	≤	0.2	0.2	0.2	0.3	0.3
23	硫化物	≤	0.05	0.1	0.2	0.5	1.0
24	粪大肠菌群（个/L）	≤	200	2000	10000	20000	40000

表2 集中式生活饮用水地表水源地补充项目标准限值 单位:mg/L

序号	项目	标准值
1	硫酸盐(以 SO₄²⁻ 计)	250
2	氯化物(以 Cl 计)	250
3	硝酸盐(以 N 计)	10
4	铁	0.3
5	锰	0.1

表3 集中式生活饮用水地表水源地特定项目标准限值 单位:mg/L

序号	项目	标准值	序号	项目	标准值
1	三氯甲烷	0.06	25	1,2-二氯苯	1
2	四氯化碳	0.002	26	1,4-二氯苯	0.3
3	三溴甲烷	0.1	27	三氯苯②	0.02
4	二氯甲烷	0.02	28	四氯苯③	0.02
5	1,2-二氯乙烷	0.03	29	六氯苯	0.05
6	环氧氯丙烷	0.02	30	硝基苯	0.017
7	氯乙烯	0.005	31	二硝基苯④	0.5
8	1,1-二氯乙烯	0.03	32	2,4-二硝基甲苯	0.0003
9	1,2-二氯乙烯	0.05	33	2,4,6-三硝基甲苯	0.5
10	三氯乙烯	0.07	34	硝基氯苯⑤	0.05
11	四氯乙烯	0.04	35	2,4-二硝基氯苯	0.5
12	氯丁二烯	0.002	36	2,4—氯苯酚	0.093
13	六氯丁二烯	0.0006	37	2,4,6-三氯苯酚	0.2
14	苯乙烯	0.02	38	五氯酚	0.009
15	甲醛	0.9	39	苯胺	0.1
16	乙醛	0.05	40	联苯胺	0.0002
17	丙烯醛	0.1	41	丙烯酰胺	0.0005
18	三氯乙醛	0.01	42	丙烯腈	0.1
19	苯	0.01	43	邻苯二甲酸二丁酯	0.003
20	甲苯	0.7	44	邻苯二甲酸二(2-乙基己基)酯	0.008
21	乙苯	0.3	45	水合肼	0.01
22	二甲苯①	0.5	46	四乙基铅	0.0001
23	异丙苯	0.25	47	吡啶	0.2
24	氯苯	0.3	48	松节油	0.2

续表

序号	项目	标准值	序号	项目	标准值
49	苦味酸	0.5	65	阿特拉津	0.003
50	丁基黄原酸	0.005	66	苯并[a]芘	2.8×10^{-6}
51	活性氯	0.01	67	甲基汞	1.0×10^{-6}
52	滴滴涕	0.001	68	多氯联苯⑥	2.0×10^{-5}
53	林丹	0.002	69	微囊藻毒素-LR	0.001
54	环氧七氯	0.0002	70	黄磷	0.003
55	对硫磷	0.003	71	钼	0.07
56	甲基对硫磷	0.002	72	钴	1
57	马拉硫磷	0.05	73	铍	0.002
58	乐果	0.08	74	硼	0.5
59	敌敌畏	0.05	75	锑	0.005
60	敌百虫	0.05	76	镍	0.02
61	内吸磷	0.03	77	钡	0.7
62	百菌清	0.01	78	钒	0.05
63	甲萘威	0.05	79	钛	0.1
64	溴氰菊酯	0.02	80	铊	0.0001

注:①二甲苯:指对-二甲苯、间-二甲苯、邻-二甲苯。②三氯苯:指1,2,3-三氯苯、1,2,4-三氯苯、1,3,5-三氯苯。③四氯苯:指1,2,3,4-四氯苯、1,2,3,5-四氯苯、1,2,4,5-四氯苯。④二硝基苯:指对-二硝基苯、间-二硝基苯、邻-二硝基苯。⑤硝基氯苯:指对-硝基氯苯、间-硝基氯苯、邻-硝基氯苯。⑥多氯联苯:指PCB-1016、PCB-1221、PCB-1232、PCB-1242、PCB-1248、PCB-1254、PCB-1260。

表4　地表水环境质量标准基本项目分析方法

序号	基本项目	分析方法	测定下限(mg/L)	方法来源
1	水温	温度计法		GB 13195—91
2	pH	玻璃电极法		GB 6920—86
3	溶解氧	碘量法	0.2	GB 7489—89
		电化学探头法		GB 11913—89
4	高锰酸盐指数		0.5	GB 11892—89
5	化学需氧量	重铬酸盐法	5	CB 11914—89
6	五日生化需氧量	稀释与接种法	2	GB 7488—87
7	氨氮	纳氏试剂比色法	0.05	GB 7479—87
		水杨酸分光光度法	0.01	GB 7481—87

续表

序号	基本项目	分析方法	测定下限(mg/L)	方法来源
8	总磷	钼酸铵分光光度法	0.01	GB 11893—89
9	总氮	碱性过硫酸钾消解紫外分光光度法	0.05	GB 11894—89
10	铜	2,9-二甲基-1,10-菲啰啉分光光度法	0.06	GB 7473—87
		二乙基二硫代氨基甲酸钠分光光度法	0.010	GB 7474—87
		原子吸收分光光度法(整合萃取法)	0.001	GB 7475—87
11	锌	原子吸收分光光度法	0.05	GB 7475—87
12	氟化物	氟试剂分光光度法	0.05	GB 7483—87
		离子选择电极法	0.05	GB 7484—87
		离子色谱法	0.02	HJ/T 84—2001
13	硒	2,3-二氨基萘荧光法	0.00025	GB 11902—89
		石墨炉原子吸收分光光度法	0.003	GB/T 15505—1995
14	砷	二乙基二硫代氨基甲酸银分光光度法	0.007	GB 7485—87
		冷原子荧光法	0.00006	1)
15	汞	冷原子吸收分光光度法	0.00005	GB 7468—87
		冷原子荧光法	0.00005	1)
16	镉	原子吸收分光光度法(螯合萃取法)	0.001	GB 7475—87
17	铬(六价)	二苯碳酰二肼分光光度法	0.004	GB 7467—87
18	铅	原子吸收分光光度法螯合萃取法	0.01	GB 7475—87
19	总氰化物	异烟酸-吡唑啉酮比色法	0.004	GB 7487—87
		吡啶-巴比妥酸比色法	0.002	
20	挥发酚	蒸馏后4-氨基安替比林分光光度法	0.002	GB 7490—87
21	石油类	红外分光光度法	0.01	GB/T 16488—1996
22	阴离子表面活性剂	亚甲蓝分光光度法	0.05	GB 7494—87
23	硫化物	亚甲基蓝分光光度法	0.005	GB/T 16489—1996
		直接显色分光光度法	0.004	GB/T 17133—1997
24	粪大肠菌群	多管发酵法、滤膜法		1)

注:暂采用下列分析方法,待国家方法标准发布后,执行国家标准。

1)《水和废水监测分析方法(第三版)》,中国环境科学出版社,1989年。

表 5　集中式生活饮用水地表水源地补充项目分析方法

序号	项目	分析方法	最低检出限（mg/L）	方法来源
1	硫酸盐	重量法	10	GB 11899—89
		火焰原子吸收分光光度法	0.4	GB 13196—91
		铬酸钡光度法	8	1)
		离子色谱法	0.09	HJ/T 84—2001
2	氯化物	硝酸银滴定法	10	GB 11896—89
		硝酸汞滴定法	2.5	1)
		离子色谱法	0.02	HJ/T 84—2001
3	硝酸盐	酚二磺酸分光光度	0.02	GB 7480—87
		紫外分光光度法	0.08	1)
		离子色谱法	0.08	HJ/T 84—2001
4	铁	火焰原子吸收分光光度法	0.03	GB 11911—89
		邻菲啰啉分光光度法	0.03	1)
5	锰	火焰原子吸收分光光度法	0.01	GB 11911—89
		甲醛肟光度法	0.01	1)
		高碘酸钾分光光度法	0.02	GB 11906—89

注：暂采用下列分析方法，待国家方法标准发布后，执行国家标准。

1)《水和废水监测分析方法（第三版）》，中国环境科学出版社，1989 年。

表 6　集中式生活饮用水地表水源地特定项目分析方法

序号	项目	分析方法	最低检出限(mg/L)	方法来源
1	三氯甲烷	顶空气相色谱法	0.0003	GB /T 17130—1997
		气相色谱法	0.0006	2)
2	四氯化碳	顶空气相色谱法	0.00005	GB /T 17130—1997
		气相色谱法	0.0003	2)
3	三溴甲烷	顶空气相色谱法	0.001	GB /T 17130—1997
		气相色谱法	0.006	2)
4	二氯甲烷	顶空气相色谱法	0.0087	2)
5	1,2-二氯乙烷	顶空气相色谱法	0.0125	2)
6	环氧氯丙烷	气相色谱法	0.02	2)
7	氯乙烯	气相色谱法	0.001	2)
8	1,1-二氯乙烯	吹出捕集气相色谱法	0.000018	2)

序号	项目	分析方法	最低检出限(mg/L)	方法来源
9	1,2-二氯乙烯	吹出捕集气相色谱法	0.000012	2)
10	三氯乙烯	顶空气相色谱法	0.0005	GB/T 17130—1997
		气相色谱法	0.003	2)
11	四氯乙烯	顶空气相色谱法	0.0002	GB/T 17130—1997
		气相色谱法	0.0012	2)
12	氯丁二烯	顶空气相色谱法	0.002	2)
13	六氯丁二烯	气相色谱法	0.00002	2)
14	苯乙烯	气相色谱法	0.01	2)
15	甲醛	乙酰丙酮分光光度法	0.05	GB 13197—91
		4-氨基-3-联氨-5-巯基-1,2,4-三氮杂茂(AHMT)分光光度法	0.05	2)
16	乙醛	气相色谱法	0.24	2)
17	丙烯醛	气相色谱法	0.019	2)
18	三氯乙醛	气相色谱法	0.001	2)
19	苯	液上气相色谱法	0.005	GB 11890—89
		顶空气相色谱法	0.00042	2)
20	甲苯	液上气相色谱法	0.005	GB 11890—89
		二硫化碳萃取气相色谱法	0.05	
		气相色谱法	0.01	2)
21	乙苯	液上气相色谱法	0.005	GB 11890—89
		二硫化碳萃取气相色谱法	0.05	
		气相色谱法	0.01	2)
22	二甲苯	液上气相色谱法	0.005	GB 11890—89
		二硫化碳萃取气相色谱法	0.05	
		气相色谱法	0.01	2)
23	异丙苯	顶空气相色谱法	0.0032	2)
24	氯苯	气相色谱法	0.01	HJ/T 74—2001
25	1,2-二氯苯	气相色谱法	0.002	GB/T 17131—1997
26	1,4-二氯苯	气相色谱法	0.005	GB/T 17131—1997
27	三氯苯	气相色谱法	0.00004	2)
28	四氯苯	气相色谱法	0.00002	2)

序号	项目	分析方法	最低检出限(mg/L)	方法来源
29	六氯苯	气相色谱法	0.00002	2)
30	硝基苯	气相色谱法	0.0002	GB 13194—91
31	二硝基苯	气相色谱法	0.2	2)
32	2,4-二硝基甲苯	气相色谱法	0.0003	GB 13194—91
33	2,4,6-三硝基甲苯	气相色谱法	0.1	2)
34	硝基氯苯	气相色谱法	0.0002	GB 13194—91
35	2,4-二硝基氯苯	气相色谱法	0.1	2)
36	2,4-二氯苯酚	电子捕获-毛细色谱法	0.0004	2)
37	2,4,6-三氯苯酚	电子捕获-毛细色谱法	0.00004	2)
38	五氯酚	气相色谱法	0.00004	GB 8972—88
		电子捕获-毛细色谱法	0.000024	2)
39	苯胺	气相色谱法	0.002	2)
40	联苯胺	气相色谱法	0.0002	3)
41	丙烯酰胺	气相色谱法	0.00015	2)
42	丙烯腈	气相色谱法	0.10	2)
43	邻苯二甲酸二丁酯	液相色谱法	0.0001	HJ/T 72—2001
44	邻苯二甲酸二(2-乙基己基)酯	气相色谱法	0.0004	2)
45	水合肼	对二甲氨基苯甲醛直接分光光度法	0.005	2)
46	四乙基铅	双硫腙比色法	0.0001	2)
47	吡啶	气相色谱法	0.031	GB /T 14672—93
		巴比土酸分光光度法	0.05	2)
48	松节油	气相色谱法	0.02	2)
49	苦味酸	气相色谱法	0.001	2)
50	丁基黄原酸	铜试剂亚铜分光光度法	0.002	2)
51	活性氯	N,N-二乙基对苯二胺(DPD)分光光度法	0.01	2)
		3,3',5,5,-四甲基联苯胺比色法	0.005	2)
52	滴滴涕	气相色谱法	0.0002	GB 7492—87
53	林丹	气相色谱法	4×10^{-6}	GB 7492—87
54	环氧七氯	液液萃取气相色谱法	0.000083	2)
55	对硫磷	气相色谱法	0.00054	GB 13192—91
56	甲基对硫磷	气相色谱法	0.00042	GB 13192—91
57	马拉硫磷	气相色谱法	0.00064	GB 13192—91
58	乐果	气相色谱法	0.00057	GB 13192—91

续表

序号	项目	分析方法	最低检出限(mg/L)	方法来源
59	敌敌畏	气相色谱法	0.00006	GB 13192—91
60	敌百虫	气相色谱法	0.000051	GB 13192—91
61	内吸磷	气相色谱法	0.0025	2)
62	百菌清	气相色谱法	0.0004	2)
63	甲萘威	高效液相色谱法	0.01	2)
64	溴氰菊酯	气相色谱法	0.0002	2)
		高效液相色谱法	0.002	2)
65	阿特拉津	气相色谱法		3)
66	苯并(a)芘	乙酰化滤纸层析荧光分光光度法	4×10^{-6}	GB 11895—89
		高效液相色谱法	1×10^{-6}	GB 3198—91
67	甲基汞	气相色谱法	1×10^{-8}	GB /T 17132—1997
68	多氯联苯	气相色谱法		3)
69	微囊藻毒素-LR	高效液相色谱法	0.00001	2)
70	黄磷	钼—锑—抗分光光度法	0.0025	2)
71	钼	无火焰原子吸收分光光度法	0.00231	2)
72	钴	无火焰原子吸收分头光光度法	0.00191	2)
73	铍	铬菁 R 分光光度法	0.0002	HJ/T 58—2000
		石墨炉原子吸收分光光度法	0.00002	HJ/T 59—2000
		桑色素荧光分光光度法	0.0002	2)
74	硼	姜黄素分光光度法	0.02	HJ/T 49—1999
		甲亚胺-H 分光光度法	0.2	2)
75	锑	氢化原子吸收分光光度法	0.00025	2)
76	镍	无火焰原子吸收分光光度法	0.00248	2)
77	钡	无火焰原子吸收分光光度法	0.00618	2)
78	钒	钽试剂(BPHA)萃取分光光度法	0.018	GB /T 15503—1995
		无火焰原子吸收分光光度法	0.00698	2)
79	钛	催化示波极谱法	0.0004	2)
		水杨基荧光酮分光光度法	0.02	2)
80	铊	无火焰原子吸收分光光度法	1×10^{-6}	2)

注:暂采用下列分析方法,待国家方法标准发布后,执行国家标准。

1)《水和废水监测分析方法(第三版)》,中国环境科学出版社,1989 年。

2)《生活饮用水卫生规范》,中华人民共和国卫生部,2001 年。

3)《水和废水标准检验法(第 15 版)》,中国建筑工业出版社,1985 年。

附录二　环境空气质量标准(GB 3095—2012)

1　适用范围

本标准规定了环境空气功能区分类、标准分级、污染物项目、平均时间及浓度限值、监测方法、数据统计的有效性规定及实施与监督等内容。

本标准适用于环境空气质量评价与管理。

2　规范性引用文件

本标准引用下列文件或其中的条款。凡是不注明日期的引用文件,其最新版本适用于本标准。

GB 8971　空气质量　飘尘中苯并[a]芘的测定　乙酰化滤纸层析荧光分光光度法

GB 9801　空气质量　一氧化碳的测定　非分散红外法

GB/ T 15264　环境空气　铅的测定　火焰原子吸收分光光度法

GB/T 15432　环境空气　总悬浮颗粒物的测定　重量法

GB/T 15439　环境空气　苯并[a]芘的测定　高效液相色谱法

HJ 479　环境空气　氮氧化物(一氧化氮和二氧化氮)的测定　盐酸萘乙二胺分光光度法

HJ 482　环境空气　二氧化硫的测定　甲醛吸收-副玫瑰苯胺分光光度法

HJ 483　环境空气　二氧化硫的测定　四氯汞盐吸收-副玫瑰苯胺分光光度法

HJ 504　环境空气　臭氧的测定　靛蓝二磺酸钠分光光度法

HJ 539　环境空气　铅的测定　石墨炉原子吸收分光光度法(暂行)

HJ 590　环境空气　臭氧的测定紫外光度法

HJ 618　环境空气　PM_{10}和$PM_{2.5}$的测定　重量法

HJ 630　环境监测质量管理技术导则

HJ/T 193　环境空气质量自动监测技术规范

HJ/T 194　环境空气质量手工监测技术规范

《环境空气质量监测规范(试行)》(国家环境保护总局公告　2007 年第 4 号)

《关于推进大气污染联防联控工作改善区域空气质量的指导意见》(国办发〔2010〕33 号)

3 术语和定义

下列术语和定义适用于本标准。

3.1 环境空气 ambient air

指人群、植物、动物和建筑物所暴露的室外空气。

3.2 总悬浮颗粒物 total suspended particle(TSP)

指环境空气中空气动力学当量直径小于等于 $100\mu m$ 的颗粒物。

3.3 颗粒物(粒径小于等于 $10\mu m$)particulate matter(PM_{10})

指环境空气中空气动力学当量直径小于等于 $10\mu m$ 的颗粒物,也称可吸入颗粒物。

3.4 颗粒物(粒径小于等于 $2.5\mu m$)particulate matter($PM_{2.5}$)

指环境空气中空气动力学当量直径小于等于 $2.5\mu m$ 的颗粒物,也称细颗粒物。

3.5 铅 lead

指存在于总悬浮颗粒物中的铅及其化合物。

3.6 苯并[a]芘 benzo[a]pyrene(BaP)

指存在于颗粒物(粒径小于等于 $10\mu m$)中的苯并[a]芘。

3.7 氟化物 fluoride

指以气态和颗粒态形式存在的无机氟化物。

3.8 1 小时平均 1-hour average

指任何 1 小时污染物浓度的算术平均值。

3.9 8 小时平均 8-hour average

指连续 8 小时平均浓度的算术平均值,也称 8 小时滑动平均。

3.10 24 小时平均 24-hour average

指一个自然日 24 小时平均浓度的算术平均值,也称为日平均。

3.11 月平均 monthly average

指一个日历月内各日平均浓度的算术平均值。

3.12 季平均 quarterly average

指一个日历季内各日平均浓度的算术平均值。

3.13 年平均 annual mean

指一个日历年内各日平均浓度的算术平均值。

3.14　标准状态 standard state

指温度为 273K，压力为 101.325kPa 时的状态。本标准中的污染物浓度均为标准状态下的浓度。

4　环境空气功能区分类和质量要求

4.1　环境空气功能区分类

环境空气功能区分为两类：一类区为自然保护区、风景名胜区和其他需要特殊保护的区域；二类区为居住区、商业交通居民混合区、文化区、工业区和农村地区。

4.2　环境空气功能区质量要求

一类区适用一级浓度限值，二类区适用二级浓度限值。一、二类环境空气功能区质量要求见表 1 和表 2。

表 1　环境空气污染物基本项目浓度限值

序号	污染物项目	平均时间	浓度限值		单位
			一级	二级	
1	二氧化硫（SO_2）	年平均	20	60	$\mu g/m^3$
		24 小时平均	50	150	
		1 小时平均	150	500	
2	二氧化氮（NO_2）	年平均	40	40	
		24 小时平均	80	80	
		1 小时平均	200	200	
3	一氧化碳（CO）	24 小时平均	4	4	$\mu g/m^3$
		1 小时平均	10	10	
4	臭氧（O_3）	日最大 8 小时平均	100	160	
		1 小时平均	160	200	
5	颗粒物（粒径小于等于 $10\mu m$）	年平均	40	70	$\mu g/m^3$
		24 小时平均	50	150	
6	颗粒物（粒径小于等于 $2.5\mu m$）	年平均	15	35	
		24 小时平均	35	75	

表 2 环境空气污染物其他项目浓度限值

序号	污染物项目	平均时间	浓度限值 一级	浓度限值 二级	单位
1	总悬浮颗粒物（TSP）	年平均	80	200	μg/m³
		24 小时平均	120	300	
2	氮氧化物（NO$_x$）	年平均	50	50	
		24 小时平均	100	100	
		1 小时平均	250	250	
3	铅（Pb）	年平均	0.5	0.5	
		季平均	1	1	
4	苯并[a]芘（BaP）	年平均	0.001	0.001	
		24 小时平均	0.002 5	0.002 5	

4.3 本标准自 2016 年 1 月 1 日起在全国实施。基本项目（表 1）在全国范围内实施；其他项目（表 2）由国务院环境保护行政主管部门或者省级人民政府根据实际情况，确定具体实施方式。

4.4 在全国实施本标准之前，国务院环境保护行政主管部门可根据《关于推进大气污染联防联控工作改善区域空气质量的指导意见》等文件要求指定部分地区提前实施本标准，具体实施方案（包括地域范围、时间等）另行公告；各省级人民政府也可根据实际情况和当地环境保护的需要提前实施本标准。

5 监测

环境空气质量监测工作应按照《环境空气质量监测规范（试行）》等规范性文件的要求进行。

5.1 监测点位布设

表 1 和表 2 中环境空气污染物监测点位的设置，应按照《环境空气质量监测规范（试行）》中的要求执行。

5.2 样品采集

环境空气质量监测中的采样环境、采样高度及采样频率等要求，按 HJ/T 193 或 HJ/T 194 的要求执行。

5.3 分析方法

应按表 3 的要求，采用相应的方法分析各项污染物的浓度。

表3　各项污染物分析方法

序号	污染物项目	手工分析方法		自动分析方法
		分析方法	标准编号	
1	二氧化硫(SO_2)	环境空气　二氧化硫的测定　甲醛吸收-副玫瑰苯胺分光光度法	HJ 482	紫外荧光法、差分吸收光谱分析法
		环境空气　二氧化硫的测定　四氯汞盐吸收-副玫瑰苯胺分光光度法	HJ 483	
2	二氧化氮(NO_2)	环境空气　氮氧化物(一氧化氮和二氧化氮)的测定　盐酸萘乙二胺分光光度法	HJ 479	化学发光法、差分吸收光谱分析法
3	一氧化碳(CO)	空气质量　一氧化碳的测定　非分散红外法	GB 9801	气体滤波相关红外吸收法、非分散红外吸收法
4	臭氧(O_3)	环境空气　臭氧的测定　靛蓝二碘酸钠分光光度法	HJ 504	紫外荧光法、差分吸收光谱分析法
		环境空气　臭氧的测定　紫外光度法	HJ 590	
5	颗粒物(粒径小于等于$10\mu m$)	环境空气 PM$_{10}$和PM$_{2.5}$的测定　重量法	HJ 618	微量振荡天平法、β射线法
6	颗粒物(粒径小于等于$2.5\mu m$)	环境空气 PM$_{10}$和PM$_{2.5}$的测定　重量法	HJ 618	微量振荡天平法、β射线法
7	总悬浮颗粒物(TSP)	环境空气　总悬浮颗粒物的测定　重量法	GB/T 15432	—
8	氮氧化物(NO_x)	环境空气　氮氧化物(一氧化氮和二氧化氮)的测定　盐酸萘乙二胺分光光度法	HJ 479	化学发光法、差分吸收光谱分析法
9	铅(Pb)	环境空气　铅的测定　石墨炉原子吸收分光光度法(暂行)	HJ 539	—
		环境空气　铅的测定　火焰原子吸收分光光度法	GB/T 15264	—
10	苯并[a]芘(BaP)	空气质量　飘尘中苯并[a]芘的测定　乙酰化滤纸层析荧光分光光度法	GB 8971	—
		环境空气　苯并[a]芘的测定　高效液相色谱法	GB/T 15439	—

6　数据统计的有效性规定

6.1　应采取措施保证监测数据的准确性、连续性和完整性,确保全面、客观地反映监测结果。所有有效数据均应参加统计和评价,不得选择性地舍弃不利数据以及人为干预监测和评价结果。

6.2　采用自动监测设备监测时,监测仪器应全年 365 天(闰年 366 天)连续运行。在监测仪器校准、停电和设备故障,以及其他不可抗拒的因素导致不能获得连续监测数据时,应采取有效措施及时恢复。

6.3　异常值的判断和处理应符合 HJ630 的规定。对于监测过程中缺失和删除的数据均应说明原因,并保留详细的原始数据记录,以备数据审核。

6.4　任何情况下,有效的污染物浓度数据均应符合表 4 中的最低要求,否则应视为无效数据。

表 4　污染物浓度数据有效性的最低要求

污染物项目	平均时间	数据有效性规定
二氧化硫(SO_2)、二氧化氮(NO_2)、颗粒物(粒径小于等于 $10\mu m$)、颗粒物(粒径小于等于 $2.5\mu m$)、氮氧化物(NO_x)	年平均	每年至少有 324 个日平均浓度值 每月至少有 27 个日平均浓度值(二月至少有 25 个日平均浓度值)
二氧化硫(SO_2)、二氧化氮(NO_2)、一氧化碳(CO)、颗粒物(粒径小于等于 $10\mu m$)、颗粒物(粒径小于等于 $2.5\mu m$)、氮氧化物(NO_x)	24 小时平均	每日至少有 20 个小时平均浓度值或采样时间
臭氧(O_3)	8 小时平均	每 8 小时至少有 6 小时平均浓度值
二氧化硫(SO_2)、二氧化氮(NO_2)、一氧化碳(CO)、臭氧(O_3)、氮氧化物(NO_x)	1 小时平均	每小时至少有 45 分钟的采样时间
总悬浮颗粒物(TSP)、苯并[a]芘(BaP)、铅(Pb)	年平均	每年至少有分布均匀的 60 个日平均浓度值 每月至少有分布均匀的 5 个日平均浓度值
铅(Pb)	季平均	每季至少有分布均匀的 15 个日平均浓度值 每月至少有分布均匀的 5 个日平均浓度值
总悬浮颗粒物(TSP)、苯并[a]芘(BaP)、铅(Pb)	24 小时平均	每日应有 24 小时的采样时间

7　实施与监督

7.1　本标准由各级环境保护行政主管部门负责监督实施。

7.2　各类环境空气功能区的范围由县级以上(含县级)人民政府环境保护行政主管部门划分,报本级人民政府批准实施。

7.3　按照《中华人民共和国大气污染防治法》的规定,未达到本标准的大气污染防治重点城市,应当按照国务院或者国务院环境保护行政主管部门规定的期限,达到本标准。该城市人民政府应当制定限期达标规划,并可以根据国务院的授权或者规定,采取更严格的措施,按期实现达标规划。

附:环境空气中镉、汞、砷、六价铬和氟化物参考浓度限值

各省级人民政府可根据当地环境保护的需要,针对环境污染的特点,对本标准中未规定的污染物项目制定并实施地方环境空气质量标准。表 A 为环境空气中部分污染物参考浓度限值。

表 A　环境空气中镉、汞、砷、六价铬和氟化物参考浓度限值

序号	污染物项目	平均时间	浓度(通量)限值		单位
			一级	二级	
1	镉(Cd)	年平均	0.005	0.005	μg/m³
2	汞(Hg)	年平均	0.05	0.05	
3	砷(As)	年平均	0.006	0.006	
4	六价铬[Cr(Ⅵ)]	年平均	0.000 025	0.000 025	
5	氟化物(F)	1 小时平均	20[①]	20[①]	
		24 小时平均	7[①]	7[①]	
		月平均	1.8[②]	7[②]	μg/(dm³·d)
		植物生长季平均	1.2[③]	2.0[③]	

注:①适用于城市地区;②适用于牧业区和以牧业为主的半农半牧区,蚕桑区;③适用于农业和林业区。

附录三　土壤环境质量标准(GB 15618—1995)

为贯彻《中华人民共和国环境保护法》,防止土壤污染,保护生态环境,保障农林生产,维护人体健康,制定本标准。

1　主题内容与适用范围

1.1　主题内容
本标准按土壤应用功能、保护目标和土壤主要性质,规定了土壤中污染物的最高允许浓度指标值及相应的监测方法。

1.2　适用范围
本标准适用于农田、蔬菜地、茶园、果园、牧场、林地、自然保护区等地的土壤。

2　术语

2.1　土壤:指地球陆地表面能够生长绿色植物的疏松层。

2.2　土壤阳离子交换量:指带负电荷的土壤胶体,借静电引力而对溶液中的阳离子所吸附的数量,以每千克干土所含全部代换性阳离子的厘摩尔(cmol)(按一价离子计)数表示。

3　土壤环境质量分类和标准分级

3.1　土壤环境质量分类
根据土壤应用功能和保护目标,划分为三类:

Ⅰ类主要适用于国家规定的自然保护区(原有背景重金属含量高的除外)、集中式生活饮用水源地、茶园、牧场和其他保护地区的土壤,土壤质量基本保持自然背景水平。

Ⅱ类主要适用于一般农田、蔬菜地、茶园、果园、牧场等土壤,土壤质量基本上对植物和环境不造成危害和污染。

Ⅲ类主要适用于林地土壤及污染物容量较大的高背景值土壤和矿产附近等地的农田土壤(蔬菜地除外)。土壤质量基本上对植物和环境不造成危害和污染。

3.2　标准分级
一级标准　为保护区域自然生态,维持自然背景的土壤环境质量的限制值。

二级标准　为保障农业生产,维护人体健康的土壤限制值。

三级标准　为保障农林业生产和植物正常生长的土壤临界值。

3.3　各类土壤环境质量执行标准的级别规定如下：

Ⅰ类土壤环境质量执行一级标准；

Ⅱ类土壤环境质量执行二级标准；

Ⅲ类土壤环境质量执行三级标准。

4　标准值

本标准规定的三级标准值，见表1。

表1　土壤环境质量标准值　　　　　　　　单位：mg/kg

级别　　土壤 pH　　项目	一级	二级			三级
	自然背景	<6.5	6.5～7.5	>7.5	>6.5
镉≤	0.20	0.30	0.30	0.60	1.0
汞≤	0.15	0.30	0.50	1.0	1.5
砷水田≤	15	30	25	20	30
旱地≤	15	40	30	25	40
铜农田等	35	50	100	100	400
果园≤	—	150	200	200	400
铅≤	35	250	300	350	500
铬水田≤	90	250	300	350	400
旱地≤	90	150	200	250	300
锌≤	100	200	250	300	500
镍≤	40	40	50	60	200
六六六≤	0.05	0.50			1.0
滴滴涕≤	0.05	0.50			1.0

注：① 重金属（铬主要是三价）和砷均按元素量计，适用于阳离子交换量>5cmol（+）/kg 的土壤，若
≤5cmol（+）/kg，其标准值为表内数值的半数。

② 六六六为四种异构体总量，滴滴涕为四种衍生物总量。

③ 水旱轮作地的土壤环境质量标准，砷采用水田值，铬采用旱地值。

5　监测

5.1　采样方法：土壤监测方法参照国家环保局的《环境监测分析方法》、《土壤元素的近代分析方法》（中国环境监测总站编）的有关章节进行。国家有关方法标准颁布后，按国家标准执行。

5.2　分析方法按表2执行。

表 2 土壤环境质量标准选配分析方法

序号	项目	测定方法	检测范围 mg/kg	注释	分析方法来源
1	镉	土样经盐酸-硝酸-高氯酸(或盐酸-硝酸-氢氟酸-高氯酸)消解后 (1)萃取-火焰原子吸收法测定 (2)石墨炉原子吸收分光光度法测定	0.025 以上 0.005 以上	土壤总砷	①、②
2	汞	土样经硝酸-硫酸-五氧化二钒或硫、硝酸-高锰酸钾消解后,冷原子吸收法测定	0.004 以上	土壤总汞	①、②
3	砷	(1)土样经硫酸-硝酸-高氯酸消解后,二乙基二硫代氨基甲银分光光度法测定 (2)土样经硝酸-盐酸-高氯酸消解后,硼氢化钾-硝酸银分光光度法测定	0.5 以上 0.1 以上	土壤总砷	①、② ②
4	铜	土样经盐酸-硝酸-高氯酸(或盐酸-硝酸-氢氟酸-高氯酸)消解后,火焰原子吸收分光光度法测定	1.0 以上	土壤总铜	①、②
5	铅	土样经盐酸-硝酸-氢氟酸-高氯酸消解后 (1)萃取-火焰原子吸收法测定 (2)石墨炉原子吸收分光光度法测定	0.4 以上 0.06 以上	土壤总铅	②
6	铬	土样经盐酸-硝酸-氢氟酸消解后, (1)高锰酸钾氧化,二苯碳酰二肼光度法测定 (2)加氯化铵液,火焰原子吸收分光光度法测定	1.0 以上 2.5 以上	土壤总铬	①
7	锌	土样经盐酸-硝酸-高氯酸(或盐酸-硝酸-氢氟酸-高氯酸)消解后,火焰原子吸收分光光度法测定	0.5 以上	土壤总锌	①、②
8	镍	土样经盐酸-硝酸-高氯酸(或盐酸-硝酸-氢氟酸-高氯酸)消解后,火焰原子吸收分光光度法测定	2.5 以上	土壤总镍	②
9	六六六和滴滴涕	丙酮-石油醚提取,浓硫酸净化,用带电子捕获检测器的气相色谱仪测定	0.005 以上		GB /T 14550—93
10	pH	玻璃电极法(土∶水＝1.0∶2.5)	—		②
11	阳离子交换量	乙酸铵法	—		③

注:分析方法除土壤六六六和滴滴涕有国标外,其他项目待国家方法标准发布后执行,现暂采用下列方法:

①《环境监测分析方法》,1983,城乡建设环境保护部环境保护局;

②《土壤元素的近代分析方法》,1992,中国环境监测总站编,中国环境科学出版社;

③《土壤理化分析》,1978,中国科学院南京土壤研究所编,上海科技出版社。

6　标准的实施

6.1　本标准由各级人民政府环境保护行政主管部门负责监督实施,各级人民政府的有关行政主管部门依照有关法律和规定实施。

6.2　各级人民政府环境保护行政主管部门根据土壤应用功能和保护目标会同有关部门划分本辖区土壤环境质量类别,报同级人民政府批准。

附录四　地下水环境质量标准(GB 3838—2002)

1　引言

为保护和合理开发地下水资源,防止和控制地下水污染,保障人民身体健康,促进经济建设,特制订本标准。本标准是地下水勘查评价、开发利用和监督管理的依据。

2　主题内容与适用范围

2.1　本标准规定了地下水的质量分类,地下水质量监测、评价方法和地下水质量保护。

2.2　本标准适用于一般地下水,不适用于地下热水、矿水、盐卤水。

3　引用标准

GB 5750　生活饮用水标准检验方法

4　地下水质量分类及质量分类指标

4.1　地下水质量分类

依据我国地下水水质现状、人体健康基准值及地下水质量保护目标,并参照了生活饮用水、工业、农业用水水质最高要求,将地下水质量划分为五类。

Ⅰ类　主要反映地下水化学组分的天然低背景含量。适用于各种用途。

Ⅱ类　主要反映地下水化学组分的天然背景含量。适用于各种用途。

Ⅲ类　以人体健康基准值为依据。主要适用于集中式生活饮用水水源及工、农业用水。

Ⅳ类 以农业和工业用水要求为依据。除适用于农业和部分工业用水外,适当处理后可作生活饮用水。

Ⅴ类 不宜饮用,其他用水可根据使用目的选用。

4.2 地下水质量分数指标(见表1)。

表1 地下水质量分类指标

项目序号	类别 标准值 项目	Ⅰ类	Ⅱ类	Ⅲ类	Ⅳ类	Ⅴ类
1	色(度)	≤5	≤5	≤15	≤25	>25
2	嗅和味	无	无	无	无	有
3	浑浊度(度)	≤3	≤3	≤3	≤10	>10
4	肉眼可见物	无	无	无	无	有
5	pH		6.5~8.5		5.5~6.5 8.5~9	<5.5,>9
6	总硬度(以 $CaCO_3$,计)(mg/L)	≤150	≤300	≤450	≤550	>550
7	溶解性总固体(mg/L)	≤300	≤500	≤1000	≤2000	>2000
8	硫酸盐(mg/L)	≤50	≤150	≤250	≤350	>350
9	氯化物(mg/L)	≤50	≤150	≤250	≤350	>350
10	铁(Fe)(mg/L)	≤0.1	≤0.2	≤0.3	≤1.5	>1.5
11	锰(Mn)(mg/L)	≤0.05	≤0.05	≤0.1	≤1.0	>1.0
12	铜(Cu)(mg/L)	≤0.01	≤0.05	≤1.0	≤1.5	>1.5
13	锌(Zn)(mg/L)	≤0.05	≤0.5	≤1.0	≤5.0	>5.0
14	钼(Mo)(mg/L)	≤0.001	≤0.01	≤0.1	≤0.5	>0.5
15	钴(Co)(mg/L)	≤0.005	≤0.05	≤0.05	≤1.0	>1.0
16	挥发性酚类(以苯酚计)(mg/L)	≤0.001	≤0.001	≤0.002	≤0.01	>0.01
17	阴离子合成洗涤剂(mg/L)	不得检出	≤0.1	≤0.3	≤0.3	>0.3
18	高锰酸盐指数(mg/L)	≤1.0	≤2.0	≤3.0	≤10	>10
19	硝酸盐(以 N 计)(mg/L)	≤2.0	≤5.0	≤20	≤30	>30
20	亚硝酸盐(以 N 计)(mg/L)	≤0.001	≤0.01	≤0.02	≤0.1	>0.1
21	氨氮(NH_4)(mg/L)	≤0.02	≤0.02	≤0.2	≤0.5	>0.5

项目序号	标准值 项目	类别	Ⅰ类	Ⅱ类	Ⅲ类	Ⅳ类	Ⅴ类
22	氟化物(mg/L)		≤1.0	≤1.0	≤1.0	≤2.0	>2.0
23	碘化物(mg/L)		≤0.1	≤0.1	≤0.2	≤1.0	>1.0
24	氰化物(mg/L)		≤0.001	≤0.01	≤0.05	≤0.1	>0.1
25	汞(Hg)(mg/L)		≤0.00005	≤0.0005	≤0.001	≤0.001	>0.001
26	砷(As)(mg/L)		≤0.005	≤0.01	≤0.05	≤0.05	>0.05
27	硒(Se)(mg/L)		≤0.01	≤0.01	≤0.01	≤0.1	>0.1
28	镉(Cd)(mg/L)		≤0.0001	≤0.001	≤0.01	≤0.01	>0.01
29	铬(六价)(Cr^{6+})(mg/L)		≤0.005	≤0.01	≤0.05	≤0.1	>0.1
30	铅(Pb)(mg/L)		≤0.005	≤0.01	≤0.05	≤0.1	>0.1
31	铍(Be)(mg/L)		≤0.00002	≤0.0001	≤0.0002	≤0.001	>0.001
32	钡(Ba)(mg/L)		≤0.01	≤0.1	≤1.0	≤4.0	>4.0
33	镍(Ni)(mg/L)		≤0.005	≤0.05	≤0.05	≤0.1	>0.1
34	滴滴涕(μg/L)		不得检出	≤0.005	≤1.0	≤1.0	>1.0
35	六六六(μg/L)		≤0.005	≤0.05	≤5.0	≤5.0	>5.0
36	总大肠菌群(个/L)		≤3.0	≤3.0	≤3.0	≤100	>100
37	细菌总数(个/mL)		≤100	≤100	≤100	≤1000	>1000
38	总 σ 放射性(Bq/L)		≤0.1	≤0.1	≤0.1	>0.1	>0.1
39	总 β 放射性(Bq/L)		≤0.1	≤1.0	≤1.0	>1.0	>1.0

根据地下水各指标含量特征,分为五类,它是地下水质量评价的基础。以地下水为水源的各类专门用水,在地下水质量分类管理基础上,可按有关专门用水标准进行管理。

5　地下水水质监测

5.1　各地区应对地下水水质进行定期检测。检验方法,按国家标准 GB 5750《生活饮用水标准检验方法》执行。

5.2　各地地下水监测部门,应在不同质量类别的地下水域设立监测点进行水质监测,监测频率不得少于每年两次(丰、枯水期)。

5.3　监测项目为:pH、氨氮、硝酸盐、亚硝酸盐、挥发性酚类、氰化物、砷、汞、铬(六价)、总硬度、铅、氟、镉、铁、锰、溶解性总固体、高锰酸盐指数、硫酸盐、氯化物、大肠菌群,以及反映本地区主要水质问题的其他项目。

6 地下水质量评价

6.1 地下水质量评价以地下水水质调查分析资料或水质监测资料为基础,可分为单项组分评价和综合评价两种。

6.2 地下水质量单项组分评价,按本标准所列分类指标,划分为五类,代号与类别代号相同,不同类别标准值相同时,从优不从劣。

例:挥发性酚类Ⅰ、Ⅱ类标准值均为 0.001mg/L,若水质分析结果为 0.001mg/L 时,应定为Ⅰ类,不定为Ⅱ类。

6.3 地下水质量综合评价,采用加附注的评分法。具体要求与步骤如下:

6.3.1 参加评分的项目,应不少于本标准规定的监测项目,但不包括细菌学指标。

6.3.2 首先进行各单项组分评价,划分组分所属质量类别。

6.3.3 对各类别按下列规定(表2)分别确定单项组分评价分值 F_i。

表 2

类别	Ⅰ	Ⅱ	Ⅲ	Ⅳ	Ⅴ
F_i	0	1	3	6	10

6.3.4 根据 F 值,按以下规定(表3)划分地下水质量级别,再将细菌学指标评价类别注在级别定名之后。如"优良(Ⅱ类)"、"较好(Ⅲ类)"。

表 3

级别	优良	良好	较好	较差	极差
F	<0.80	0.80~<2.50	2.50~<4.25	4.25~<7.20	>7.20

6.4 使用两次以上的水质分析资料进行评价时,可分别进行地下水质量评价,也可根据具体情况,使用全年平均值和多年平均值或分别使用多年的枯水期、丰水期平均值进行地评价。

6.5 在进行地下水质量评价时,除采用本方法外,也可采用其他评价方法进行对比。

7 地下水质量保护

7.1 为防止地下水污染和过量开采、人工回灌等引起的地下水质量恶化,保护地下水水源,必须按《中华人民共和国水污染污染防治法》和《中华人民共和国水法》有关规定执行。

7.2　利用污水灌溉、污水排放、有害废弃物（城市垃圾、工业废渣、核废料等）的堆放和地下处置，必须经过环境地质可行性论证及环境影响评价，征得环境保护部门批准后方能施行。

附录五　生活饮用水卫生标准（GB 5749—2006）

1　范围

本标准规定了生活饮用水水质卫生要求、生活饮用水水源水质卫生要求、集中式供水单位卫生要求、二次供水卫生要求、涉及生活饮用水卫生安全产品卫生要求、水质监测和水质检验方法。

本标准适用于城乡各类集中式供水的生活饮用水，也适用于分散式供水的生活饮用水。

2　规范性引用文件

下列文件中的条款通过本标准的引用而成为本标准的条款。凡是标注日期的引用文件，其随后所有的修改（不包括勘误内容）或修订版均不适用于本标准。凡是不注明日期的引用文件，其最新版本适用于本标准。

GB 3838　地表水环境质量标准

GB/T 5750　生活饮用水标准检验方法

GB/T 14848　地下水质量标准

GB 17051　二次供水设施卫生规范

GB/ T17218　饮用水化学处理剂卫生安全性评价

GB/ T17219　生活饮用水输配水设备及防护材料的安全性评价标准

CJ/T 206　城市供水水质标准

SL 308　村镇供水单位资质标准

卫生部　生活饮用水集中式供水单位卫生规范

3　术语和定义

下列术语和定义适用于本标准。

3.1　生活饮用水 drinking water
供人生活的饮水和生活用水。

3.2　供水方式 type of water supply

3.2.1　集中式供水 central water supply

自水源集中取水,通过输配水管网送到用户或者公共取水点的供水方式,包括自建设施供水。为用户提供日常饮用水的供水站和为公共场所、居民社区提供的分质供水也属于集中式供水。

3.2.2　二次供水 secondary water supply

集中式供水在入户之前经再度储存、加压和消毒或深度处理,通过管道或容器输送给用户的供水方式。

3.2.3　农村小型集中式供水 small central water supply for rural areas

日供水在 $1000m^3$ 以下(或供水人口在 1 万人以下)的农村集中式供水。

3.2.4　分散式供水 non-central water supply

用户直接从水源取水,未经任何设施或仅有简易设施的供水方式。

3.3　常规指标 regular indices

能反映生活饮用水水质基本状况的水质指标。

3.4　非常规指标 non-regular indices

根据地区、时间或特殊情况需要的生活饮用水水质指标。

4　生活饮用水水质卫生要求

4.1　生活饮用水水质应符合下列基本要求,保证用户饮用安全。

4.1.1　生活饮用水中不得含有病原微生物。

4.1.2　生活饮用水中化学物质不得危害人体健康。

4.1.3　生活饮用水中放射性物质不得危害人体健康。

4.1.4　生活饮用水的感官性状良好。

4.1.5　生活饮用水应经消毒处理。

4.1.6　生活饮用水水质应符合表 1 和表 3 卫生要求。集中式供水出厂水中消毒剂限值、出厂水和管网末梢水中消毒剂余量均应符合表 2 要求。

4.1.7　农村小型集中式供水和分散式供水的水质因条件限制,部分指标可暂按照表 4 执行,其余指标仍按表 1、表 2 和表 3 执行。

4.1.8　当发生影响水质的突发性公共事件时,经市级以上人民政府批准,感官性状和一般化学指标可适当放宽。

4.1.9　当饮用水中含有表 A.1 所列指标时,可参考此表限值评价。

表 1　水质常规指标及限值

指标	限值
1. 微生物指标①	
总大肠菌群（MPN/100mL 或 CFU/100mL）	不得检出
耐热大肠菌群（MPN/100mL 或 CFU/100mL）	不得检出
大肠埃希氏菌（MPN/100mL 或 CFU/100mL）	不得检出
菌落总数（CFU/mL）	100
2. 毒理指标	
砷（mg/L）	0.01
镉（mg/L）	0.005
铬（六价, mg/L）	0.05
铅（mg/L）	0.01
汞（mg/L）	0.001
硒（mg/L）	0.01
氰化物（mg/L）	0.05
氟化物（mg/L）	1.0
硝酸盐（以 N 计, mg/L）	10 地下水源限制时为 20
三氯甲烷（mg/L）	0.06
四氯化碳（mg/L）	0.002
溴酸盐（使用臭氧时, mg/L）	0.01
甲醛（使用臭氧时, mg/L）	0.9
亚氯酸盐（使用二氧化氯消毒时, mg/L）	0.7
氯酸盐（使用复合二氧化氯消毒时, mg/L）	0.7
3. 感官性状和一般化学指标	
色度（铂钴色度单位）	15
浑浊度（NTU-散射浊度单位）	1 水源与净水技术条件限制时为 3
臭和味	无异臭、异味
肉眼可见物	无
pH（pH 单位）	不小于 6.5 且不大于 8.5
铝（mg/L）	0.2
铁（mg/L）	0.3
锰（mg/L）	0.1

续表

指标	限值
铜（mg/L）	1.0
锌（mg/L）	1.0
氯化物（mg/L）	250
硫酸盐（mg/L）	250
溶解性总固体（mg/L）	1000
总硬度（以 $CaCO_3$ 计，mg/L）	450
耗氧量（COD_{Mn} 法，以 O_2 计，mg/L）	3 水源限制，原水耗氧量＞6mg/L 时为 5
挥发酚类（以苯酚计，mg/L）	0.002
阴离子合成洗涤剂（mg/L）	0.3
4. 放射性指标②	指导值
总 α 放射性（Bq/L）	0.5
总 β 放射性（Bq/L）	1

① MPN 表示最可能数；CFU 表示菌落形成单位。当水样检出总大肠菌群时，应进一步检验大肠埃希氏菌或耐热大肠菌群；水样未检出总大肠菌群，不必检验大肠埃希氏菌或耐热大肠菌群。

② 放射性指标超过指导值，应进行核素分析和评价，判定能否饮用。

表2　饮用水中消毒剂常规指标及要求

消毒剂名称	与水接触时间	出厂水中限值	出厂水中余量	管网末梢水中余量
氯气及游离氯制剂（游离氯，mg/L）	至少 30min	4	≥0.3	≥0.05
一氯胺（总氯，mg/L）	至少 120min	3	≥0.5	≥0.05
臭氧（O_3，mg/L）	至少 12min	0.3		0.02 如加氯，总氯≥0.05
二氧化氯（ClO_2，mg/L）	至少 30min	0.8	≥0.1	≥0.02

表3　水质非常规指标及限值

指标	限值
1. 微生物指标	
贾第鞭毛虫（个/10L）	＜1
隐孢子虫（个/10L）	＜1
2. 毒理指标	
锑（mg/L）	0.005

续表

指标	限值
钡(mg/L)	0.7
铍(mg/L)	0.002
硼(mg/L)	0.5
钼(mg/L)	0.07
镍(mg/L)	0.02
银(mg/L)	0.05
铊(mg/L)	0.0001
氯化氰（以 CN⁻计,mg/L)	0.07
一氯二溴甲烷(mg/L)	0.1
二氯一溴甲烷(mg/L)	0.06
二氯乙酸(mg/L)	0.05
1,2-二氯乙烷(mg/L)	0.03
二氯甲烷(mg/L)	0.02
三卤甲烷(三氯甲烷、一氯二溴甲烷、二氯一溴甲烷、三溴甲烷的总和)	该类化合物中各种化合物的实测浓度与其各自限值的比值之和不超过1
1,1,1-三氯乙烷(mg/L)	2
三氯乙酸(mg/L)	0.1
三氯乙醛(mg/L)	0.01
2,4,6-三氯酚(mg/L)	0.2
三溴甲烷(mg/L)	0.1
七氯(mg/L)	0.0004
马拉硫磷(mg/L)	0.25
五氯酚(mg/L)	0.009
六六六(总量,mg/L)	0.005
六氯苯(mg/L)	0.001
乐果(mg/L)	0.08
对硫磷(mg/L)	0.003
灭草松(mg/L)	0.3
甲基对硫磷(mg/L)	0.02
百菌清(mg/L)	0.01
呋喃丹(mg/L)	0.007
林丹(mg/L)	0.002

续表

指标	限值
毒死蜱(mg/L)	0.03
草甘膦(mg/L)	0.7
敌敌畏(mg/L)	0.001
莠去津(mg/L)	0.002
溴氰菊酯(mg/L)	0.02
2,4-滴(mg/L)	0.03
滴滴涕(mg/L)	0.001
乙苯(mg/L)	0.3
二甲苯(mg/L)	0.5
1,1-二氯乙烯(mg/L)	0.03
1,2-二氯乙烯(mg/L)	0.05
1,2-二氯苯(mg/L)	1
1,4-二氯苯(mg/L)	0.3
三氯乙烯(mg/L)	0.07
三氯苯(总量,mg/L)	0.02
六氯丁二烯(mg/L)	0.0006
丙烯酰胺(mg/L)	0.0005
四氯乙烯(mg/L)	0.04
甲苯(mg/L)	0.7
邻苯二甲酸二(2-乙基己基)酯(mg/L)	0.008
环氧氯丙烷(mg/L)	0.0004
苯(mg/L)	0.01
苯乙烯(mg/L)	0.02
苯并(a)芘(mg/L)	0.00001
氯乙烯(mg/L)	0.005
氯苯(mg/L)	0.3
微囊藻毒素-LR(mg/L)	0.001
3. 感官性状和一般化学指标	
氨氮(以 N 计,mg/L)	0.5
硫化物(mg/L)	0.02
钠(mg/L)	200

表 4　农村小型集中式供水和分散式供水部分水质指标及限值

指标	限值
1. 微生物指标	
菌落总数（CFU/mL）	500
2. 毒理指标	
砷（mg/L）	0.05
氟化物（mg/L）	1.2
硝酸盐（以 N 计，mg/L）	20
3. 感官性状和一般化学指标	
色度（铂钴色度单位）	20
浑浊度（NTU-散射浊度单位）	3 水源与净水技术条件限制时为 5
pH（pH 单位）	不小于 6.5 且不大于 9.5
溶解性总固体（mg/L）	1500
总硬度（以 CaCO$_3$ 计，mg/L）	550
耗氧量（COD$_{Mn}$法，以 O$_2$ 计，mg/L）	5
铁（mg/L）	0.5
锰（mg/L）	0.3
氯化物（mg/L）	300
硫酸盐（mg/L）	300

5　生活饮用水水源水质卫生要求

5.1　采用地表水为生活饮用水水源时应符合 GB 3838 要求。

5.2　采用地下水为生活饮用水水源时应符合 GB/T 14848 要求。

6　集中式供水单位卫生要求

6.1　集中式供水单位的卫生要求应按照卫生部《生活饮用水集中式供水单位卫生规范》执行。

7　二次供水卫生要求

二次供水的设施和处理要求应按照 GB 17051 执行。

8 涉及生活饮用水卫生安全产品卫生要求

8.1 处理生活饮用水采用的絮凝、助凝、消毒、氧化、吸附、pH调节、防锈、阻垢等化学处理剂不应污染生活饮用水,应符合 GB/T 17218 要求。

8.2 生活饮用水的输配水设备、防护材料和水处理材料不应污染生活饮用水,应符合 GB/T 17219 要求。

9 水质监测

9.1 供水单位的水质检测

供水单位的水质检测应符合以下要求。

9.1.1 供水单位的水质非常规指标选择由当地县级以上供水行政主管部门和卫生行政部门协商确定。

9.1.2 城市集中式供水单位水质检测的采样点选择、检验项目和频率、合格率计算按照 CJ/T 206 执行。

9.1.3 村镇集中式供水单位水质检测的采样点选择、检验项目和频率、合格率计算按照 SL 308 执行。

9.1.4 供水单位水质检测结果应定期报送当地卫生行政部门,报送水质检测结果的内容和办法由当地供水行政主管部门和卫生行政部门商定。

9.1.5 当饮用水水质发生异常时应及时报告当地供水行政主管部门和卫生行政部门。

9.2 卫生监督的水质监测

卫生监督的水质监测应符合以下要求。

9.2.1 各级卫生行政部门应根据实际需要定期对各类供水单位的供水水质进行卫生监督、监测。

9.2.2 当发生影响水质的突发性公共事件时,由县级以上卫生行政部门根据需要确定饮用水监督、监测方案。

9.2.3 卫生监督的水质监测范围、项目、频率由当地市级以上卫生行政部门确定。

10 水质检验方法

生活饮用水水质检验应按照 GB/T 5750 执行。

资料性附录

表 A.1　生活饮用水水质参考指标及限值

指标	限值
肠球菌(CFU/100mL)	0
产气荚膜梭状芽孢杆菌(CFU/100mL)	0
二(2-乙基己基)己二酸酯(mg/L)	0.4
二溴乙烯(mg/L)	0.00005
二噁英(2,3,7,8-TCDD,mg/L)	0.00000003
土臭素(二甲基萘烷醇,mg/L)	0.00001
五氯丙烷(mg/L)	0.03
双酚 A(mg/L)	0.01
丙烯腈(mg/L)	0.1
丙烯酸(mg/L)	0.5
丙烯醛(mg/L)	0.1
四乙基铅(mg/L)	0.0001
戊二醛(mg/L)	0.07
甲基异莰醇-2(mg/L)	0.00001
石油类(总量,mg/L)	0.3
石棉(>10mm,万/L)	700
亚硝酸盐(mg/L)	1
多环芳烃(总量,mg/L)	0.002
多氯联苯(总量,mg/L)	0.0005
邻苯二甲酸二乙酯(mg/L)	0.3
邻苯二甲酸二丁酯(mg/L)	0.003
环烷酸(mg/L)	1.0
苯甲醚(mg/L)	0.05
总有机碳(TOC,mg/L)	5
β-萘酚(mg/L)	0.4
黄原酸丁酯(mg/L)	0.001
氯化乙基汞(mg/L)	0.0001
硝基苯(mg/L)	0.017
镭 226 和镭 228(pCi/L)	5
氡(pCi/L)	300

附录六　大气污染物综合排放标准（GB 16297—1996）

1　主题内容与适用范围

1.1　主题内容

本标准规定了 33 种大气污染物的排放限值，同时规定了标准执行中的各种要求。

1.2　适用范围

1.2.1　在我国现有的国家大气污染物排放标准体系中，按照综合性排放标准与行业性排放标准不交叉执行的原则，锅炉执行 GB 13271—91《锅炉大气污染物排放标准》、工业炉窑执行 GB 9078—1996《工业炉窑大气污染物排放标准》、火电厂执行 GB 13223—1996《火电厂大气污染物排放标准》、炼焦炉执行 GB 16171—1996《炼焦炉大气污染物排放标准》、水泥厂执行 GB 4915—1996《水泥厂大气污染物排放标准》、恶臭物质排放执行 GB 14554—93《恶臭污染物排放标准》、汽车排放执行 GB 14761.1～14761.7—93《汽车大气污染物排放标准》、摩托车排气执行 GB 14621—93《摩托车排气污染物排放标准》，其他大气污染物排放均执行本标准。

1.2.2　本标准实施后再行发布的行业性国家大气污染物排放标准，按其适用范围规定的污染源不再执行本标准。

1.2.3　本标准适用于现有污染源大气污染物排放管理，以及建设项目的环境影响评价、设计、环境保护设施竣工验收及其投产后的大气污染物排放管理。

2　引用标准

下列标准所包含的条文，通过在本标准中引用而构成为本标准的条文。
GB 3095—1996　环境空气质量标准
GB /T 16157—1996　固定污染源排气中颗粒物测定与气态污染物采样方法

3　定义

本标准采用下列定义：

3.1　标准状态

指温度为 273K，压力为 101325Pa 时的状态。本标准规定的各项标准值，均以标准状态下的干空气为基准。

　3.2　最高允许排放浓度

　　指处理设施后排气筒中污染物任何 1 小时浓度平均值不得超过的限值;或指无处理设施排气筒中污染物任何 1 小时浓度平均值不得超过的限值。

　3.3　最高允许排放速率

　　指一定高度的排气筒任何 1 小时排放污染物的质量不得超过的限值。

　3.4　无组织排放

　　指大气污染物不经过排气筒的无规则排放。低矮排气筒的排放属有组织排放,但在一定条件下也可造成与无组织排放相同的后果。因此,在执行"无组织排放监控浓度限值"指标时,由低矮排气筒造成的监控点污染物浓度增加不予扣除。

　3.5　无组织排放监控点

　　依照本标准附录 C 的规定,为判别无组织排放是否超过标准而设立的监测点。

　3.6　无组织排放监控浓度限值

　　指监控点的污染物浓度在任何 1 小时的平均值不得超过的限值。

　3.7　污染源

　　指排放大气污染物的设施或指排放大气污染物的建筑构造(如车间等)。

　3.8　单位周界

　　指单位与外界环境接界的边界。通常应依据法定手续确定边界;若无法定手续,则按目前的实际边界确定。

　3.9　无组织排放源

　　指设置于露天环境中具有无组织排放的设施,或指具有无组织排放的建筑构造(如车间、工棚等)。

　3.10　排气筒高度

　　指自排气筒(或其主体建筑构造)所在的地平面至排气筒出口计的高度。

4　指标体系

　　本标准设置下列三项指标:

　4.1　通过排气筒排放废气的最高允许排放浓度。

　4.2　通过排气筒排放的废气,按排气筒高度规定的最高允许排放速率。

　　任何一个排气筒必须同时遵守上述两项指标,超过其中任何一项均为超标排放。

　4.3　以无组织方式排放的废气,规定无组织排放的监控点及相应的监控浓度限值。该指标按照本标准第 9.2 条的规定执行。

5　排放速率标准分级

　　本标准规定的最高允许排放速率,现有污染源分一、二、三级,新污染源分为二、三级。按污染源所在的环境空气质量功能区类别,执行相应级别的排放速率标准,即:
　　位于一类区的污染源执行一级标准(一类区禁止新、扩建污染源,一类区现有污染源改建执行现有污染源的一级标准);
　　位于二类区的污染源执行二级标准;
　　位于三类区的污染源执行三级标准。

6　标准值

　　6.1　1997年1月1日前设立的污染源(以下简称为现有污染源)执行表1所列标准值。
　　6.2　1997年1月1日起设立(包括新建、扩建、改建)的污染源(以下简称为新污染源)执行表2所列标准值。
　　6.3　按下列规定判断污染源的设立日期:
　　6.3.1　一般情况下应以建设项目环境影响报告书(表)批准日期作为其设立日期。
　　6.3.2　未经环境保护行政主管部门审批设立的污染源,应按补做的环境影响报告书(表)批准日期作为其设立日期。

7　其他规定

　　7.1　排气筒高度除须遵守表列排放速率标准值外,还应高出周围200米半径范围的建筑5米以上,不能达到该要求的排气筒,应按其高度对应的表列排放速率标准值严格50%执行。
　　7.2　两个排放相同污染物(不论其是否由同一生产工艺过程产生)的排气筒,若其距离小于其几何高度之和,应合并视为一根等效排气筒。若有三根以上的近距排气筒,且排放同一种污染物时,应以前两根的等效排气筒,依次与第三、四根排气筒取等效值。等效排气筒的有关参数计算方法见附录A。
　　7.3　若某排气筒的高度处于本标准列出的两个值之间,其执行的最高允许排放速率以内插法计算,内插法的计算式见本标准附录B;当某排气筒的高度大于或小于本标准列出的最大或最小值时,以外推法计算其最高允许排放速率,外推法计算式见本标准附录B。

7.4　新污染源的排气筒一般不应低于 15 米。若新污染源的排气筒必须低于 15 米时,其排放速率标准值按 7.3 的外推计算结果再严格 50％执行。

7.5　新污染源的无组织排放应从严控制,一般情况下不应有无组织排放存在,无法避免的无组织排放应达到表 2 规定的标准值。

7.6　工业生产尾气确需燃烧排放的,其烟气黑度不得超过林格曼 1 级。

8　监测

8.1　布点

8.1.1　排气筒中颗粒物或气态污染物监测的采样点数目及采样点位置的设置,按 GB /T16157—1996 执行。

8.1.2　无组织排放监测的采样点(即监控点)数目和采样点位置的设置方法,详见本标准附录 C。

8.2　采样时间和频次

本标准规定的三项指标,均指任何 1 小时平均值不得超过的限值,故在采样时应做到:

8.2.1　排气筒中废气的采样

以连续 1 小时的采样获取平均值;

或在 1 小时内,以等时间间隔采集 4 个样品,并计平均值。

8.2.2　无组织排放监控点的采样

无组织排放监控点和参照点监测的采样,一般采用连续 1 小时采样计平均值;

若浓度偏低,需要时可适当延长采样时间;

若分析方法灵敏度高,仅需用短时间采集样品时,应实行等时间间隔采样,采集四个样品计平均值。

8.2.3　特殊情况下的采样时间和频次

若某排气筒的排放为间断性排放,排放时间小于 1 小时,应在排放时段内实行连续采样,或在排放时段内以等时间间隔采集 2 个~4 个样品,并计平均值;

若某排气筒的排放为间断性排放,排放时间大于 1 小时,则应在排放时段内按 8.2.1 的要求采样;

当进行污染事故排放监测时,应按需要设置采样时间和采样频次,不受上述要求的限制;

建设项目环境保护设施竣工验收监测的采样时间和频次,按国家环境保护局制定的建设项目环境保护设施竣工验收监测办法执行。

8.3　监测工况要求

8.3.1　在对污染源的日常监督性监测中,采样期间的工况应与当时的运行工况相同,排污单位的人员和实施监测的人员都不应任意改变当时的运行工况。

8.3.2　建设项目环境保护设施竣工验收监测的工况要求按国家环境保护局制定的建设项目环境保护设施竣工验收监测办法执行。

8.4　采样方法和分析方法

8.4.1　污染物的分析方法按国家环境保护局规定执行。

8.4.2　污染物的采样方法按 GB/T 16157—1996 和国家环境保护局规定的分析方法有关部分执行。

8.5　排气量的测定

排气量的测定应与排放浓度的采样监测同步进行,排气量的测定方法按 GB／T16157—1996 执行。

9　标准实施

9.1　位于国务院批准划定的酸雨控制区和二氧化硫污染控制区的污染源,其二氧化硫排放除执行本标准外,还应执行总量控制标准。

9.2　本标准中无组织排放监控浓度限值,由省、自治区、直辖市人民政府环境保护行政主管部门决定是否在本地区实施,并报国务院环境保护行政主管部门备案。

9.3　本标准由县级以上人民政府环境保护行政主管部门负责监督实施。

表 1　现有污染源大气污染物排放限值

序号	污染物	最高允许排放浓度(mg/m³)	最高允许排放速率(kg/h)				无组织排放监控浓度限值	
			排气筒(m)	一级	二级	三级	监控点	浓度(mg/m³)
1	二氧化硫	1200 (硫、二氧化硫、硫酸和其他含硫化合物生产)	15	1.6	3.0	4.1	无组织排放源上风向设参照点,下风向设监控点[1]	0.50 (监控点与参照点浓度差值)
			20	2.6	5.1	7.7		
			30	8.8	17	26		
			40	15	30	45		
			50	23	45	69		
		700 (硫、二氧化硫、硫酸和其他含硫化合物使用)	60	33	64	98		
			70	47	91	140		
			80	63	120	190		
			90	82	160	240		
			100	100	200	310		

续表

序号	污染物	最高允许排放浓度(mg/m³)	最高允许排放速率(kg/h)				无组织排放监控浓度限值	
			排气筒(m)	一级	二级	三级	监控点	浓度(mg/m³)
2	氮氧化物	1700（硝酸、氮肥和火炸药生产）	15	0.47	0.91	1.4	无组织排放源上风向设参照点，下风向设监控点	0.15（监控点与参照点浓度差值）
			20	0.77	1.5	2.3		
			30	2.6	5.1	7.7		
			40	4.6	8.9	14		
			50	7.0	14	21		
		420（硝酸使用和其他）	60	9.9	19	29		
			70	14	27	41		
			80	19	37	56		
			90	24	47	72		
			100	31	61	92		
3	颗粒物	22（碳黑尘、染料尘）	15	禁排	0.60	0.87	周界外浓度最高点[2)]	肉眼不可见
			20		1.0	1.5		
			30		4.0	5.9		
			40		6.8	10		
		80[3)]（玻璃棉尘、石英粉尘、矿渣棉尘）	15	禁排	2.2	3.1	无组织排放源上风向设参照点，下风向设监控点	2.0（监控点与参照点浓度差值）
			20		3.7	5.3		
			30		14	21		
			40		25	37		
		150（其他）	15	2.1	4.1	5.9	无组织排放源上风向设参照点，下风向设监控点	5.0（监控点与参照点浓度差值）
			20	3.5	6.9	10		
			30	14	27	40		
			40	24	46	69		
			50	36	70	110		
			60	51	100	150		

续表

序号	污染物	最高允许排放浓度(mg/m³)	最高允许排放速率(kg/h)				无组织排放监控浓度限值	
			排气筒(m)	一级	二级	三级	监控点	浓度(mg/m³)
4	氟化氢	150	15	禁排	0.30	0.46	周界外浓度最高点	0.25
			20		0.51	0.77		
			30		1.7	2.6		
			40		3.0	4.5		
			50		4.5	6.9		
			60		6.4	9.8		
			70		9.1	14		
			80		12	19		
5	铬酸雾	0.080	15	禁排	0.009	0.014	周界外浓度最高点	0.0075
			20		0.015	0.023		
			30		0.051	0.078		
			40		0.089	0.13		
			50		0.14	0.21		
			60		0.19	0.29		
6	硫酸雾	1000（火炸药厂） 70（其他）	15	禁排	1.8	2.8	周界外浓度最高点	1.5
			20		3.1	4.6		
			30		10	16		
			40		18	27		
			50		27	41		
			60		39	59		
			70		55	83		
			80		74	110		
7	氟化物	100（普钙工业） 11（其他）	15	禁排	0.12	0.18	无组织排放源上风向设参照点，下风向设监控点	20(μg/m³)（监控点与参照点浓度差值）
			20		0.20	0.31		
			30		0.69	1.0		
			40		1.2	1.8		
			50		1.8	2.7		
			60		2.6	3.9		
			70		3.6	5.5		
			80		4.9	7.5		

序号	污染物	最高允许排放浓度(mg/m³)	最高允许排放速率(kg/h)				无组织排放监控浓度限值	
			排气筒(m)	一级	二级	三级	监控点	浓度(mg/m³)
8	氯气[4]	85	25	禁排	0.60	0.90	周界外浓度最高点	0.50
			30		1.0	1.5		
			40		3.4	5.2		
			50		5.9	9.0		
			60		9.1	14		
			70		13	20		
			80		18	28		
9	铅及其化合物	0.90	15	禁排	0.005	0.007	周界外浓度最高点	0.0075
			20		0.007	0.011		
			30		0.031	0.048		
			40		0.055	0.083		
			50		0.085	0.13		
			60		0.12	0.18		
			70		0.17	0.26		
			80		0.23	0.35		
			90		0.31	0.47		
			100		0.39	0.60		
10	汞及其化合物	0.015	15	禁排	1.8×10^{-3}	2.8×10^{-3}	周界外浓度最高点	0.0015
			20		3.1×10^{-3}	4.6×10^{-3}		
			30		10×10^{-3}	16×10^{-3}		
			40		18×10^{-3}	27×10^{-3}		
			50		27×10^{-3}	41×10^{-3}		
			60		39×10^{-3}	59×10^{-3}		
11	镉及其化合物	1.0	15	禁排	0.060	0.090	周界外浓度最高点	0.050
			20		0.10	0.15		
			30		0.34	0.52		
			40		0.59	0.90		
			50		0.91	1.4		
			60		1.3	2.0		
			70		1.8	2.8		
			80		2.5	3.7		

续表

序号	污染物	最高允许排放浓度(mg/m³)	最高允许排放速率(kg/h)				无组织排放监控浓度限值	
			排气筒(m)	一级	二级	三级	监控点	浓度(mg/m³)
12	铍及其化合物	0.015	15	禁排	1.3×10⁻³	2.0×10⁻³	周界外浓度最高点	0.0010
			20		2.2×10⁻³	3.3×10⁻³		
			30		7.3×10⁻³	11×10⁻³		
			40		13×10⁻³	19×10⁻³		
			50		19×10⁻³	29×10⁻³		
			60		27×10⁻³	41×10⁻³		
			70		39×10⁻³	58×10⁻³		
			80		52×10⁻³	79×10⁻³		
13	镍及其化合物	5.0	15	禁排	0.18	0.28	周界外浓度最高点	0.050
			20		0.31	0.46		
			30		1.0	1.6		
			40		1.8	2.7		
			50		2.7	4.1		
			60		3.9	5.9		
			70		5.5	8.2		
			80		7.4	11		
14	锡及其化合物	10	15	禁排	0.36	0.55	周界外浓度最高点	0.30
			20		0.61	0.93		
			30		2.1	3.1		
			40		3.5	5.4		
			50		5.4	8.2		
			60		7.7	12		
			70		11	17		
			80		15	22		
15	苯	17	15	禁排	0.60	0.90	周界外浓度最高点	0.50
			20		1.0	1.5		
			30		3.3	5.2		
			40		6.0	9.0		

序号	污染物	最高允许排放浓度(mg/m³)	最高允许排放速率(kg/h)				无组织排放监控浓度限值	
			排气筒(m)	一级	二级	三级	监控点	浓度(mg/m³)
16	甲苯	60	15	禁排	3.6	5.5	周界外浓度最高点	0.30
			20		6.1	9.3		
			30		21	31		
			40		36	54		
17	二甲苯	90	15	禁排	1.2	1.8	周界外浓度最高点	1.5
			20		2.0	3.1		
			30		6.9	10		
			40		12	18		
18	酚类	115	15	禁排	0.12	0.18	周界外浓度最高点	0.10
			20		0.20	0.31		
			30		0.68	1.0		
			40		1.2	1.8		
			50		1.8	2.7		
			60		2.6	3.9		
19	甲醛	30	15	禁排	0.30	0.46	周界外浓度最高点	0.25
			20		0.51	0.77		
			30		1.7	2.6		
			40		3.0	4.5		
			50		4.5	6.9		
			60		6.4	9.8		
20	乙醛	150	15	禁排	0.060	0.09	周界外浓度最高点	0.050
			20		0.1	0.15		
			30		0.34	0.52		
			40		0.59	0.9		
			50		0.91	1.4		
			60		1.3	2.0		

序号	污染物	最高允许排放浓度(mg/m³)	最高允许排放速率(kg/h)				无组织排放监控浓度限值	
			排气筒(m)	一级	二级	三级	监控点	浓度(mg/m³)
21	丙烯腈	26	15	禁排	0.91	1.4	周界外浓度最高点	0.75
			20		1.5	2.3		
			30		5.1	7.8		
			40		8.9	13		
			50		14	21		
			60		19	29		
22	丙烯醛	20	15	禁排	0.61	0.92	周界外浓度最高点	0.50
			20		1.0	1.5		
			30		3.4	5.2		
			40		5.9	9.0		
			50		9.1	14		
			60		13	20		
23	氯化氢[5]	2.3	25	禁排	0.18	0.28	周界外浓度最高点	0.030
			30		0.31	0.46		
			40		1.0	1.6		
			50		1.8	2.7		
			60		2.7	4.1		
			70		3.9	5.9		
			80		5.5	8.3		
24	甲醇	220	15	禁排	6.1	9.2	周界外浓度最高点	15
			20		10	15		
			30		34	52		
			40		59	90		
			50		91	140		
			60		130	200		
25	苯胺类	25	15	禁排	0.61	0.92	周界外浓度最高点	0.50
			20		1.0	1.5		
			30		3.4	5.2		
			40		5.9	9.0		
			50		9.1	14		
			60		13	20		

序号	污染物	最高允许排放浓度(mg/m³)	最高允许排放速率(kg/h)				无组织排放监控浓度限值	
			排气筒(m)	一级	二级	三级	监控点	浓度(mg/m³)
26	氯苯类	85	15	禁排	0.67	0.92	周界外浓度最高点	0.50
			20		1.0	1.5		
			30		2.9	4.4		
			40		5.0	7.6		
			50		7.7	12		
			60		11	17		
			70		15	23		
			80		21	32		
			90		27	41		
			100		34	52		
27	硝基苯类	20	15	禁排	0.06	0.09	周界外浓度最高点	0.050
			20		0.10	0.15		
			30		0.34	0.52		
			40		0.59	0.9		
			50		0.91	1.4		
			60		1.3	2.0		
28	氯乙烯	65	15	禁排	0.91	1.4	周界外浓度最高点	0.75
			20		1.5	2.3		
			30		5.0	7.8		
			40		8.9	13		
			50		14	21		
			60		19	29		
29	苯并[a]芘	0.50×10^{-3} (沥青、碳素制品生产和加工)	15	禁排	0.06×10^{-3}	0.09×10^{-3}	周界外浓度最高点	0.01 ($\mu g/m^3$)
			20		0.10×10^{-3}	0.15×10^{-3}		
			30		0.34×10^{-3}	0.51×10^{-3}		
			40		0.59×10^{-3}	0.89×10^{-3}		
			50		0.90×10^{-3}	1.4×10^{-3}		
			60		1.3×10^{-3}	2.0×10^{-3}		

续表

序号	污染物	最高允许排放浓度(mg/m³)	最高允许排放速率(kg/h)				无组织排放监控浓度限值	
			排气筒(m)	一级	二级	三级	监控点	浓度(mg/m³)
30	光气6)	5.0	25	禁排	0.12	0.18	周界外浓度最高点	0.10
			30		0.20	0.31		
			40		0.69	1.0		
			50		1.2	1.8		
31	沥青烟	280 (吹制沥青)	15	0.11	0.22	0.34	生产设备不得有明显的无组织排放存在	
			20	0.19	0.36	0.55		
		80 (溶炼、浸涂)	30	0.82	1.6	2.4		
			40	1.4	2.8	4.2		
			50	2.2	4.3	6.6		
		150 (建筑搅拌)	60	3.0	5.9	9.0		
			70	4.5	8.7	13		
			80	6.2	12	18		
32	石棉尘	2根纤维/cm³ 或 20mg/m³	15	禁排	0.65	0.98	生产设备不得有明显的无组织排放存在	
			20		1.1	1.7		
			30		4.2	6.4		
			40		7.2	11		
			50		11	17		
33	非甲烷总烃	150 (使用溶剂汽油或其他混合烃类物质)	15	6.3	12	18	周界外浓度最高点	5.0
			20	10	20	30		
			30	35	63	100		
			40	61	120	170		

1) 一般应于无组织排放源上风向 2~50m 范围内设参照点,排放源下风向 2~50m 范围内设监控点,详见本标准附录 C。下同。

2) 周界外浓度最高点一般应设于排放源下风向的单位周界外 10m 范围内。如预计无组织排放的最大落地浓度点越出 10m 范围,可将监控点移至该预计浓度最高点,详见附录 C。下同。

3) 均指含游离二氧化硅 10% 以上的各种尘。

4) 排放氯气的排气筒不得低于 25m。

5) 排放氰化氢的排气筒不得低于 25m。

6) 排放光气的排气筒不得低于 25m。

表2 新污染源大气污染物排放限值

序号	污染物	最高允许排放浓度(mg/m³)	最高允许排放速率(kg/h)			无组织排放监控浓度限值	
			排气筒(m)	二级	三级	监控点	浓度(mg/m³)
1	二氧化硫	960(硫、二氧化硫、硫酸和其他含硫化合物生产)	15	2.6	3.5	周界外浓度最高点1)	0.40
			20	4.3	6.6		
			30	15	22		
			40	25	38		
			50	39	58		
		550(硫、二氧化硫、硫酸和其他含硫化合物使用)	60	55	83		
			70	77	120		
			80	110	160		
			90	130	200		
			100	170	270		
2	氮氧化物	1400(硝酸、氮肥和火炸药生产)	15	0.77	1.2	周界外浓度最高点	0.12
			20	1.3	2		
			30	4.4	6.6		
			40	7.5	11		
			50	12	18		
		240(硝酸使用和其他)	60	16	25		
			70	23	35		
			80	31	47		
			90	40	61		
			100	52	78		
3	颗粒物	18(碳黑尘、染料尘)	15	0.15	0.74	周界外浓度最高点	肉眼不可见
			20	0.85	1.3		
			30	3.4	5.0		
			40	5.8	8.5		
		60²⁾(玻璃棉尘、石英粉尘、矿渣棉尘)	15	1.9	2.6	周界外浓度最高点	1.0
			20	3.1	4.5		
			30	12	18		
			40	21	31		

续表

序号	污染物	最高允许排放浓度(mg/m³)	最高允许排放速率(kg/h)			无组织排放监控浓度限值	
			排气筒(m)	二级	三级	监控点	浓度(mg/m³)
3	颗粒物	120（其他）	15	3.5	5.0	周界外浓度最高点	1.0
			20	5.9	8.5		
			30	23	34		
			40	39	59		
			50	60	94		
			60	85	130		
4	氟化氢	100	15	0.26	0.39	周界外浓度最高点	0.20
			20	0.43	0.65		
			30	1.4	2.2		
			40	2.6	3.8		
			50	3.8	5.9		
			60	5.4	8.3		
			70	7.7	12		
			80	10	16		
5	铬酸雾	0.070	15	0.008	0.012	周界外浓度最高点	0.0060
			20	0.013	0.02		
			30	0.043	0.066		
			40	0.076	0.12		
			50	0.12	0.18		
			60	0.16	0.25		
6	硫酸雾	430（火炸药厂）45（其他）	15	1.5	2.4	周界外浓度最高点	1.2
			20	2.6	3.9		
			30	8.8	13		
			40	15	23		
			50	23	35		
			60	33	50		
			70	46	70		
			80	63	95		

序号	污染物	最高允许排放浓度(mg/m³)	最高允许排放速率(kg/h)			无组织排放监控浓度限值	
			排气筒(m)	二级	三级	监控点	浓度(mg/m³)
7	氟化物	90（普钙工业） 9.0（其他）	15	0.10	0.15	周界外浓度最高点	20（μg/m³）
			20	0.17	0.26		
			30	0.59	0.88		
			40	1.0	1.5		
			50	1.5	2.3		
			60	2.2	3.3		
			70	3.1	4.7		
			80	4.2	6.3		
8	氯气³⁾	65	25	0.52	0.78	周界外浓度最高点	0.40
			30	0.87	1.3		
			40	2.9	4.4		
			50	5.0	7.6		
			60	7.7	12		
			70	11	17		
			80	15	23		
9	铅及其化合物	0.70	15	0.004	0.006	周界外浓度最高点	0.0060
			20	0.006	0.009		
			30	0.027	0.041		
			40	0.047	0.071		
			50	0.072	0.11		
			60	0.1	0.15		
			70	0.15	0.22		
			80	0.2	0.30		
			90	0.26	0.40		
			100	0.33	0.51		

序号	污染物	最高允许排放浓度（mg/m³）	最高允许排放速率（kg/h）			无组织排放监控浓度限值	
			排气筒(m)	二级	三级	监控点	浓度（mg/m³）
10	汞及其化合物	0.012	15	1.5×10^{-3}	2.4×10^{-3}	周界外浓度最高点	0.0012
			20	2.6×10^{-3}	3.9×10^{-3}		
			30	7.8×10^{-3}	13×10^{-3}		
			40	15×10^{-3}	23×10^{-3}		
			50	23×10^{-3}	35×10^{-3}		
			60	33×10^{-3}	50×10^{-3}		
11	镉及其化合物	0.85	15	0.05	0.080	周界外浓度最高点	0.040
			20	0.090	0.13		
			30	0.29	0.44		
			40	0.50	0.77		
			50	0.77	1.2		
			60	1.1	1.7		
			70	1.5	2.3		
			80	2.1	3.2		
12	铍及其化合物	0.012	15	1.1×10^{-3}	1.7×10^{-3}	周界外浓度最高点	0.0008
			20	1.8×10^{-3}	2.8×10^{-3}		
			30	6.2×10^{-3}	9.4×10^{-3}		
			40	11×10^{-3}	16×10^{-3}		
			50	16×10^{-3}	25×10^{-3}		
			60	23×10^{-3}	35×10^{-3}		
			70	33×10^{-3}	50×10^{-3}		
			80	44×10^{-3}	67×10^{-3}		
13	镍及其化合物	4.3	15	0.15	0.24	周界外浓度最高点	0.040
			20	0.26	0.34		
			30	0.88	1.3		
			40	1.5	2.3		
			50	2.3	3.5		
			60	3.3	5.0		
			70	4.6	7.0		
			80	6.3	10		

序号	污染物	最高允许排放浓度(mg/m³)	最高允许排放速率(kg/h)			无组织排放监控浓度限值	
			排气筒(m)	二级	三级	监控点	浓度(mg/m³)
14	锡及其化合物	8.5	15	0.31	0.47	周界外浓度最高点	0.24
			20	0.52	0.79		
			30	1.8	2.7		
			40	3.0	4.6		
			50	4.6	7.0		
			60	6.6	10		
			70	9.3	14		
			80	13	19		
15	苯	12	15	0.50	0.80	周界外浓度最高点	0.40
			20	0.90	1.3		
			30	2.9	4.4		
			40	5.6	7.6		
16	甲苯	40	15	3.1	4.7	周界外浓度最高点	2.4
			20	5.2	7.9		
			30	18	27		
			40	30	46		
17	二甲苯	70	15	1.0	1.5	周界外浓度最高点	1.2
			20	1.7	2.6		
			30	5.9	8.8		
			40	10	15		
18	酚类	100	15	0.1	0.15	周界外浓度最高点	0.080
			20	0.17	0.26		
			30	0.58	0.88		
			40	1.0	1.5		
			50	1.5	2.3		
			60	2.2	3.3		

续表

序号	污染物	最高允许排放浓度(mg/m³)	最高允许排放速率(kg/h)			无组织排放监控浓度限值	
			排气筒(m)	二级	三级	监控点	浓度(mg/m³)
19	甲醛	25	15	0.26	0.39	周界外浓度最高点	0.20
			20	0.43	0.65		
			30	1.4	2.2		
			40	2.6	3.8		
			50	3.8	5.9		
			60	5.4	8.3		
20	乙醛	125	15	0.050	0.080	周界外浓度最高点	0.040
			20	0.090	0.13		
			30	0.29	0.44		
			40	0.50	0.77		
			50	0.77	1.2		
			60	1.1	1.6		
21	丙烯醛	22	15	0.77	1.2	周界外浓度最高点	0.60
			20	1.3	2.0		
			30	4.4	6.6		
			40	7.5	11		
			50	12	18		
			60	16	25		
22	丙烯醛	16	15	0.52	0.78	周界外浓度最高点	0.40
			20	0.87	1.3		
			30	2.9	4.4		
			40	5.0	7.6		
			50	7.7	12		
			60	11	17		

序号	污染物	最高允许排放浓度(mg/m³)	最高允许排放速率(kg/h)			无组织排放监控浓度限值	
			排气筒(m)	二级	三级	监控点	浓度(mg/m³)
23	氯化氢[4]	1.9	25	0.15	0.24	周界外浓度最高点	0.024
			30	0.26	0.39		
			40	0.88	1.3		
			50	1.5	2.3		
			60	2.3	3.5		
			70	3.3	5.0		
			80	4.6	7.0		
24	甲醇	190	15	5.1	7.8	周界外浓度最高点	12
			20	8.6	13		
			30	29	44		
			40	50	70		
			50	77	120		
			60	100	170		
25	苯胺类	20	15	0.52	0.78	周界外浓度最高点	0.40
			20	0.87	1.3		
			30	2.90	4.4		
			40	5.0	7.6		
			50	7.7	12		
			60	11	17		
26	氯苯类	60	15	0.52	0.78	周界外浓度最高点	0.40
			20	0.87	1.3		
			30	2.5	3.8		
			40	4.3	6.5		
			50	6.6	9.9		
			60	9.3	14		
			70	13	20		
			80	18	27		
			90	23	35		
			100	29	44		

续表

序号	污染物	最高允许排放浓度(mg/m³)	最高允许排放速率(kg/h)			无组织排放监控浓度限值	
			排气筒(m)	二级	三级	监控点	浓度(mg/m³)
27	硝基苯类	16	15	0.050	0.080	周界外浓度最高点	0.040
			20	0.090	0.13		
			30	0.29	0.44		
			40	0.50	0.77		
			50	0.77	1.2		
			60	1.1	1.7		
28	氯乙烯	36	15	0.77	1.2	周界外浓度最高点	0.60
			20	1.3	2.0		
			30	4.4	6.6		
			40	7.5	11		
			50	12	18		
			60	16	25		
29	苯并[a]芘	0.30×10^{-3}（沥青及碳素制品生产和加工）	15	0.050×10^{-3}	0.080×10^{-3}	周界外浓度最高点	0.008（μg/m³）
			20	0.085×10^{-3}	0.13×10^{-3}		
			30	0.29×10^{-3}	0.43×10^{-3}		
			40	0.50×10^{-3}	0.76×10^{-3}		
			50	0.77×10^{-3}	1.2×10^{-3}		
			60	1.1×10^{-3}	1.7×10^{-3}		
30	光气[5]	3.0	25	0.10	0.15	周界外浓度最高点	0.080
			30	0.17	0.26		
			40	0.59	0.88		
			50	1.0	1.5		
31	沥青烟	140（吹制沥青）　40（溶炼、浸涂）　75（建筑搅拌）	15	0.18	0.27	生产设备不得有明显的无组织排放存在	
			20	0.30	0.45		
			30	1.3	2		
			40	2.3	3.5		
			50	3.6	5.4		
			60	5.6	7.5		
			70	7.4	11		
			80	10	15		

续表

序号	污染物	最高允许排放浓度(mg/m³)	最高允许排放速率(kg/h)			无组织排放监控浓度限值	
			排气筒(m)	二级	三级	监控点	浓度(mg/m³)
32	石棉尘	1根纤维/cm³ 或 10mg/m³	15	0.55	0.83	生产设备不得有明显的无组织排放存在	
			20	0.93	1.4		
			30	3.6	5.4		
			40	6.2	9.3		
			50	9.4	14		
33	非甲烷总烃	120 (使用溶剂汽油或其他混合烃类物质)	15	10	16	周界外浓度最高点	4.0
			20	17	27		
			30	53	83		
			40	100	150		

1) 周界外浓度最高点一般应设置于无组织排放源下风向的单位周界外 10m 范围内,若预计无组织排放的最大落地浓度点越出 10m 范围,可将监控点移至该预计浓度最高点,详见附录 C。下同。

2) 均指含游离二氧化硅超过 10% 以上的各种尘。

3) 排放氯气的排气筒不得低于 25m。

4) 排放氰化氢的排气筒不得低于 25m。

5) 排放光气的排气筒不得低于 25m。

附录七　污水综合排放标准(GB 8978—1996)

为贯彻《中华人民共和国环境保护法》、《中华人民共和国水污染防治法》和《中华人民共和国海洋环境保护法》,控制水污染,保护江河、湖泊、运河、渠道、水库和海洋等地面水以及地下水水质的良好状态,保障人体健康,维护生态平衡,促进国民经济和城乡建设的发展,特制定本标准。

1　主题内容与适用范围

1.1　主题内容

本标准按照污水排放去向,分年限规定了 69 种水污染物最高允许排放浓度及部分行业最高允许排水量。

1.2　适用范围

本标准适用于现有单位水污染物的排放管理,以及建设项目的环境影响评价、建设项目环境保护设施设计、竣工验收及其投产后的排放管理。

按照国家综合排放标准与国家行业排放标准不交叉执行的原则,造纸工业执行《造纸工业水污染物排放标准(GB 3544—92)》,船舶执行《船舶污染物排放标准(GB 3552—83)》,船舶工业执行《船舶工业污染物排放标准(GB 4286—84)》,海洋石油开发工业执行《海洋石油开发工业含油污水排放标准(GB 4914—85)》,纺织染整工业执行《纺织染整工业水污染物排放标准(GB 4287—92)》,肉类加工工业执行《肉类加工工业水污染物排放标准(GB 13457—92)》,合成氨工业执行《合成氨工业水污染物排放标准(GB 13458—92)》,钢铁工业执行《钢铁工业水污染物排放标准(GB 13456—92)》,航天推进剂使用执行《航天推进剂水污染物排放标准(GB 14374—93)》,兵器工业执行《兵器工业水污染物排放标准(GB 14470.1~14470.3—93 和 GB 4274~4279—84)》,磷肥工业执行《磷肥工业水污染物排放标准(GB 15580—95)》,烧碱、聚氯乙烯工业执行《烧碱、聚氯乙烯工业水污染物排放标准(GB 15581—95)》,其他水污染物排放均执行本标准。

1.3 本标准颁布后,新增加国家行业水污染物排放标准的行业,按其适用范围执行相应的国家水污染物行业标准,不再执行本标准。

2 引用标准

下列标准所包含的条文,通过在本标准中引用而构成为本标准的条文。
GB 3097—82 海水水质标准
GB 3838—88 地面水环境质量标准
GB 8703—88 地面水环境质量标准
GB 8703—88 辐射防护规定

3 定义

3.1 污水:指在生产与生活活动中排放的水的总称。
3.2 排水量:指在生产过程中直接用于工艺生产的水的排放量。不包括间接冷却水、厂区锅炉、电站排水。
3.3 一切排污单位:指本标准适用范围所包括的一切排污单位。
3.4 其他排污单位:指在某一控制项目中,除所列行业外的一切排污单位。

4 技术内容

4.1 标准分级
4.1.1 排入 GB 3838 Ⅲ类水域(划定的保护区和游泳区除外)和排入 GB

3097 中二类海域的污水,执行一级标准。

4.1.2　排入 GB 3838 中Ⅳ、Ⅴ类水域和排入 GB 3097 中三类海域的污水,执行二级标准。

4.1.3　排入设置二级污水处理厂的城镇排水系统的污水,执行三级标准。

4.1.4　排入未设置二级污水处理厂的城镇排水系统的污水,必须根据排水系统出水受纳水域的功能要求,分别执行 4.1.1 和 4.1.2 的规定。

4.1.5　GB 3838 中Ⅰ、Ⅱ类水域和Ⅲ类水域中划定的保护区,GB 3097 中一类海域,禁止新建排污口,现有排污口应按水体功能要求,实行污染物总量控制,以保证受纳水体水质符合规定用途的水质标准。

4.2　标准值

4.2.1　本标准将排放的污染物按其性质及控制方式分为两类。

4.2.1.1　第一类污染物,不分行业和污水排放方式,也不分受纳水体的功能类别,一律在车间或车间处理设施排放口采样,其最高允许排放浓度必须达到本标准要求(采矿行业的尾矿坝出水口不得视为车间排放口)。

4.2.1.2　第二类污染物,在排污单位排放口采样,其最高允许排放浓度必须达到本标准要求。

4.2.2　本标准按年限规定了第一类污染物和第二类污染物最高允许排放浓度及部分行业最高允许排水量,分别为:

4.2.2.1　1997 年 12 月 31 日之前建设(包括改、扩建)的单位,水污染物的排放必须同时执行表 1、表 2、表 3 的规定。

4.2.2.2　1998 年 1 月 1 日起建设(包括改、扩建)的单位,水污染物的排放必须同时执行表 1、表 4、表 5 的规定。

4.2.2.3　建设(包括改、扩建)单位的建设时间,以环境影响评价报告书(表)批准日期为准划分。

4.3　其他规定

4.3.1　同一排放口排放两种或两种以上不同类别的污水,且每种污水的排放标准又不同时,其混合污水的排放标准按附录 A 计算。

4.3.2　工业污水污染物的最高允许排放负荷量按附录 B 计算。

4.3.3　污染物最高允许年排放总量按附录 C 计算。

4.3.4　对于排放含有放射性物质的污水,除执行本标准外,还须符合 GB 8703—88《辐射防护规定》。

表1　第一类污染物最高允许排放浓度 单位:mg/L

序号	污染物	最高允许排放浓度
1	总汞	0.05
2	烷基汞	不得检出
3	总镉	0.1
4	总铬	1.5
5	六价铬	0.5
6	总砷	0.5
7	总铅	1.0
8	总镍	1.0
9	苯并(a)芘	0.00003
10	总铍	0.005
11	总银	0.5
12	总α放射性	1Bq/L
13	总β放射性	10Bq/L

表2　第二类污染物最高允许排放浓度

（1997年12月31日之前建设的单位） 单位:mg/L

序号	污染物	适用范围	一级标准	二级标准	三级标准
1	pH	一切排污单位	6~9	6~9	6~9
2	色度(稀释倍数)	染料工业	50	180	—
		其他排污单位	50	80	—
3	悬浮物(SS)	采矿、选矿、选煤工业	100	300	—
		脉金选矿	100	500	—
		边远地区砂金选矿	100	800	—
		城镇二级污水处理厂	20	30	—
		其他排污单位	70	200	400
4	五日生化需氧量 (BOD₅)	甘蔗制糖、芒麻脱胶、湿法纤维板工业	30	100	600
		甜菜制糖、酒精、味精、皮革、化纤浆粕工业	30	150	600
		城镇二级污水处理厂	20	30	—
		其他排污单位	30	60	300

续表

序号	污染物	适用范围	一级标准	二级标准	三级标准
5	化学需氧量(COD)	甜菜制糖、焦化、合成脂肪酸、湿法纤维板、染料、洗毛、有机磷农药工业	100	200	1000
		味精、酒精、医药原料药、生物制药、苎麻脱胶、皮革、化纤浆粕工业	100	300	1000
		石油化工工业(包括石油炼制)	100	150	500
		城镇二级污水处理厂	60	120	—
		其他排污单位	100	150	500
6	石油类	一切排污单位	10	10	30
7	动植物油	一切排污单位	20	20	100
8	挥发酚	一切排污单位	0.5	0.5	2.0
9	总氰化合物	电影洗片(铁氰化合物)	0.5	5.0	5.0
		其他排污单位	0.5	0.5	1.0
10	硫化物	一切排污单位	1.0	1.0	2.0
11	氨氮	医药原料药、染料、石油化工工业	15	50	—
		其他排污单位	15	25	—
12	氟化物	黄磷工业	10	20	20
		低氟地区(水体含氟量<0.5mg/L)	10	20	30
		其他排污单位	10	10	20
13	磷酸盐(以P计)	其他排污单位	0.5	1.0	—
14	甲醛	一切排污单位	—	—	
15	苯胺类	一切排污单位	1.0	2.0	5.0
16	硝基苯类	一切排污单位	2.0	3.0	5.0
17	阴离子表面活性剂(LAS)	合成洗涤剂工业	5.0	15	20
		其他排污单位	5.0	10	20
18	总铜	一切排污单位	5.0	1.0	2.0
19	总锌	一切排污单位	2.0	5.0	5.0
20	总锰	合成脂肪酸工业	2.0	5.0	5.0
		其他排污单位	2.0	2.0	5.0
21	彩色显影剂	电影洗片	2.0	3.0	5.0
22	显影剂及氧化物总量	电影洗片	3.0	6.0	6.0

续表

序号	污染物	适用范围	一级标准	二级标准	三级标准
23	元素磷	一切排污单位	0.1	0.3	0.3
24	有机磷农药(以P计)	一切排污单位	不得检出	0.5	0.5
25	粪大肠菌群数	医院*、兽医院及医疗机构含病原体污水	500 个/L	1000 个/L	5000 个/L
		传染病、结核病医院污水	100 个/L	500 个/L	1000 个/L
26	总余氯(采用氯化消毒的医院污水)	医院*、兽医院及医疗机构含病原体污水	<0.5**	>3(接触时间≥1h)	>2(接触时间≥1h)
		传染病、结核病医院污水	<0.5**	>6.5(接触时间≥1.5h)	>5(接触时间≥1.5h)

注：* 指 50 个床位以上的医院。

** 加氯消毒后须进行脱氯处理,达到本标准。

参 考 文 献

国家环境保护总局《空气和废气监测分析方法》编委会. 2003. 空气和废气监测分析方法. 4 版.
  北京:中国环境科学出版社

国家环境保护总局《水和废水监测分析方法》编委会. 2002. 水和废水监测分析方法. 4 版. 北
  京:中国环境科学出版社

国家环境保护总局科技标准司. 2001. 最新中国环境标准汇编. 北京:中国环境科学出版社

李光浩. 2009. 环境监测实验. 武汉:华中科技大学出版社

聂麦茜. 2003. 环境监测与分析实践教程. 北京:化学工业出版社

孙成. 2010. 环境监测实验. 2 版. 北京:科学出版社

奚旦立,孙裕生,刘秀英. 2005. 环境监测. 3 版. 北京:高等教育出版社

阎吉昌. 2002. 环境分析. 北京:化学工业出版社

姚运先. 2003. 环境监测技术. 北京:化学工业出版社